フェイクドキュメンタリーの時代

テレビの愉快犯たち

戸部田誠（てれびのスキマ）
Tobeta Makoto

小学館新書

序　章——テレビとフェイク

「テレビはつまらない」

テレビっ子を自認する僕もそう思う。いや、正確に言えば「テレビの〝大半〟はつまらない」。いつも同じような出演者たちで似通った企画をしている。画面いっぱいにテロップやワイプがひしめき、SE（サウンドエフェクト）もうるさい。ひたすら大食いをしたり、聞き飽きたような不満をぶつけ合ったり、もはや衝撃でもなんでもない〝衝撃映像〟を見て大げさにリアクションしている。ゴールデンタイムのテレビをザッピングするとそんな番組ばかりかのように錯覚する。

そう感じる要因のひとつが、テレビが「受け身」で視聴するメディアだという特性にある。映画でも小説でも漫画でも、ほとんどのエンターテインメントは、無数にある作品の中から、自分が興味のあるジャンルやテーマの作品を探して能動的に享受する。翻《ひるがえ》って、テレビはつけたら流れてくるもの。目に入った番組は自分の興味ではない可能性が高い。毎週何千もの番組が流れる中で、偶然、自分の好みにぴったりの番組に出会うことのほうが奇跡だ。能動的に好みの番組を探さなければテレビがつまらないのは当然なのだ。

不特定多数の視聴者が誰でも基本無料で見ることができるテレビは、いわば社会的インフラでもある。老若男女誰もが理解し、楽しめるものでなければならない。そのため、万人にわかりやすく作ることが是とされる。確かにそれは「流し見」するのにはちょうどいいかもしれないが、結果として内容は薄くなってしまい、つまらない番組が多くなるという負の側面がある。すべてが想定の範囲内で進む「わかりやすさ」は刺激がないことと同義だ。

タモリも2000年におこなわれた対談でこんな風に語っている。

「われわれがテレビの世界に憧れたのは、たとえば『11PM』で（大橋）巨泉《きょせん》さんがわけのわからないことを言っていたからなんです。僕らは高校とか中学だから、わからないわけです。その『わからないこと』に興味を持つんです。わからないことは必要以上に説明しなくてもいいんです。むしろ、わからない世界でテレビをやったほうがいい。『なんだろう』『大人になったらわかるかもしれない』と思って興味を持ってくる。わからないことに、人間はよく興味を持つんです」（※加賀美幸子：編『ことばを磨く18の対話』NHK出版）

かつてテレビで放送していたデタラメな「わかりにくさ」が、時に視聴者を刺激し、夢中にさせてくれていたのだ。2000年の時点でタモリは既に「わかりにくさ」が失われていき「わかりやすさ」に拘泥《こうでい》する傾向に疑問を呈しているが、この傾向はさらに加速度的に高まっている。

また同時に、内容的にも倫理的にも「正しさ」が求められる。

報道やドキュメンタリーといった分野で「正しさ」はもちろん重要だ。だがそれに加えて、情報バラエティは言うに及ばず、ドラマ、果ては笑いを主眼にしたバラエティでさえ、そこに「嘘」があってはならないという倫理観が広まった。かつては「お約束」などと呼ばれ許容されていた演出も批判の対象になるようになった。

しかし、そんな「わかりやすさ」や「正しさ」ばかりが追い求められる時代に、誰もが理解できることを求めない、時に「嘘」が平然と画面にあらわれる異質のコンテンツが注目を集めている。

それが、フェイクドキュメンタリーだ。

擬似を意味する「モック」と事実の記録に基づいた表現物を意味する「ドキュメンタリー」を合わせ「モキュメンタリー」とも呼ばれる。

狭義で言えばフェイクドキュメンタリーとは「フィクションをドキュメンタリー的な手法で描いたもの」と定義づけされるのが一般的だ。つまり嘘を事実であるかのように見せる演出と説明できるが、本書では「主にドキュメンタリー的な手法を用い、そこに意図的な何らかの〝フェイク（設定、人物、物語など）〟を自明のものとして配し、それが作劇上の重要な核のひとつになっている作品」と広く定義したい（加えて、バラエティの体裁を利用した、いわゆる「フェイクバラエティ」もフェイクドキュメンタリーの一形態と考えたい）。

2022年、テレビでは、『TAROMAN』（NHK）や『このテープもってないですか？』（テレビ東京）といった番組が「こんなものがテレビで放送されたんだ！」とSNS上でトレンドになるほど大きな反響を起こした。開始から約10年経った2024年もいまだバラエティの最前線を走る『水曜日のダウンタウン』（TBS）もフェイクドキュメンタリー的な要素の強い企画が放送される。

インターネット上では、フェイクルポルタージュとも言える『近畿地方のある場所について』（背筋《せすじ》・著）がウェブ小説投稿サイト「カクヨム」で大反響を巻き起こし、すぐに書籍化がなされ累計10万部を超える異例の大ヒットとなった。YouTubeでは映像作家の皆口大地《みなぐちだいち》、寺内康太郎《てらうちこうたろう》らが手がける『フェイクドキュメンタリー「Q」』が、新作が公開されるたびに大きな話題になっている。映画でも台湾製作の『呪詛《じゅそ》』（2022年）など、フェイクドキュメンタリー的手法を使った作品が大ヒットしている。いまやフェイクドキュメンタリーは新しい表現の大きな潮流となってきている。

もちろんフェイクドキュメンタリー的手法は、いまに始まったものではない。

たとえば、よく日本のフェイクドキュメンタリーの〝源流〟とも評される『水曜スペシャル』「川口浩の探検隊」シリーズ（テレビ朝日）や、『木曜スペシャル』（日本テレビ）で矢追純一《やおいじゅんいち》らが作っていたUFOや心霊特番などを思い浮かべる人も多いだろう。だが、それらは「フェイク」とは謳《うた》われず、良く言えば「ロマン」、悪く言えば「ヤラセ」として、その〝グレーゾーン〟を楽しむものだった。やがて「ヤラセ」に対する風当たりは強くなっていく。90年代半ばには『電波少年』シリーズ（1992〜2003年、日本テレビ）や『めちゃ×2イケてるッ！』（1996〜2018年、フジテレビ）などのドキュメントバラエティが流行するが、演出に巧みに仕込まれた「嘘」を制作者は隠さなければならなかったし、「嘘」がバレたら視聴者から非難されるものだった。

そうした中、現代のフェイクドキュメンタリーは、「どこからが嘘なのか」「どこまで嘘が本当に見えるか」「どれくらい嘘の世界に没頭できるか」を楽しむような「嘘が混じっていることが自明」のコンテンツとして花開いてきた。

「フェイクドキュメンタリー」そのものとして、テレビ界に〝ファーストインパクト〟を起こしたのは、2003年に始まった長江俊和《ながえとしかず》が手がけた『放送禁止』シリーズ（フジテレビ）だ。それ以降、各ジャンルでフェイクドキュメンタリー的手法が模索され、その表現の可能性を拡張していった。それと並行するように視聴者のフェイクドキュメンタリーに対するリテラシーも向上し、広く受け入れられるようになっていった。

ザッピングしながら視聴することで思わぬ番組と出会う可能性を持つテレビは、作品の概要やテーマを知った上で見ることになる映画よりも、大きな演出効果を得ることができる。フェイクドキュメンタリーの場合、テレビが持つ「受動的に見る」という特性が最大限発揮される。探して見つけた喜びもある一方で、受動的にたまたま〝幸福な出会い〟ができたときの喜びがもっとも大きいジャンルだ。

また「正しい」ことが前提のテレビにおいて、その先入観が強ければ強いほどその効果は絶大だ。加えてテクノロジーの発達により誰でも比較的容易にフェイク映像が作れる昨今、ある一定の「正しさ」が担保された媒体であるテレビだからこそ、そこに紛れ込んだフェイクは一層映える。「テレビはつまらない、いつも同じ」と思っていればいるほど、その衝撃は絶大だ。

さらに、昨今ドラマなどではいわゆる「考察ブーム」が起こっている。視聴者は既にメタな視点を持っており、いざ必死になって能動的に見始めると画面の隅々まで凝視し、細かなものにまで意味や解釈を考え尽くす。

こうしたことを鑑みれば、テレビの生理とは真逆でご法度に近いフェイクドキュメンタリーではあるが、実はテレビというメディアでこそ、もっとも威力を発揮する表現形式なのではないか。

『山田孝之の東京都北区赤羽』（テレビ東京）など、日本のテレビ界でもっとも多くのフェイクドキュメンタリー番組の制作に参加したと言っても過言ではない構成作家の竹村武司《たけむらたけし》は僕の取材でこう答えている。

「いざテレビ業界に入ってみると〝既製品〟ばっかりでなんか〝万人に愛され病〟にかかっているように感じました。既製品だから、視聴者も『どうせここでCMでしょ』みたいにCMのタイミングがわかるぐらい、万人にわかるようにできてるんですよ。考えなくても見られるというか。それが僕の中でつまらなくて、それを解消するひとつの方法としてフェイクドキュメンタリーをやっているというのはありますね」

フェイクドキュメンタリーはいまの〝つまらない番組〟が蔓延《はびこ》る状況下に偶然かつ必然

に生まれた強烈なカウンターカルチャーであり、テレビの未来を想像する上では欠かすことのできないジャンルに違いない。

竹村が「僕とは20個近く歳は離れてるんですけど、20年遅れてようやく〝同志〟がテレビ界に来たなって思いましたね」と感慨深げに語るのが、『このテープもってないですか？』などを手掛けたテレビ東京のディレクター・大森時生《おおもりときお》だ。

彼のような若き才能は、世間が思う「テレビ」のイメージを逆手に取った仕掛けで視聴者を欺く。テレビ・フェイクドキュメンタリーはそんな新世代によって進化／深化していっているのだ。

本書は、主に『放送禁止』以降、テレビで放送されたフェイクドキュメンタリーの〝現代史〟を探るドキュメントだ。

果たして制作者たちはフェイクドキュメンタリー的手法にいかに辿りついたのか。なぜそれを選ぶに至ったのか。その手法がいかに模索され拡張していったのか。

「わかりやすさ」や「正しさ」を第一義にするテレビに抵抗するかのように、ゲリラ的に

「わかりづらく」、「正しくない」番組を仕掛ける彼らにはどんな思いがあるのかを紐解いていきたい。カウンターとして生まれたフェイクドキュメンタリーの歴史から新しいテレビの可能性を探ることができるはずだ。

いま、フェイクドキュメンタリーが隆盛を極めているのは、ある意味必然だ。しかし、そのファーストインパクトとなった『放送禁止』は、2人の〝愉快犯〟が偶然、幸福な出会いを果たしたことから始まった——。

フェイクドキュメンタリーの時代　テレビの愉快犯たち

目次

終章——フェイクの行方……302

第1章

衝撃

Ⅰ 現代テレビ・フェイクドキュメンタリーの形を作ったファーストインパクト

～『放送禁止』シリーズ（2003～2006、2008、2017）

日本のテレビ・フェイクドキュメンタリー史において長江俊和が企画・演出した『放送禁止』（2003年～、フジテレビ）はエポックメイキングな作品だ。もちろん、それまでもフェイクドキュメンタリー的な演出を含んだ作品はテレビでも放送されていた。しかし、1999年公開のホラー映画『ブレア・ウィッチ・プロジェクト』のヒットで「フェイクドキュメンタリー」という言葉が一般に広く知られるようになってからでは、『放送禁止』がテレビ界における最初のヒット作と言えるだろう。

ホラー的演出にミステリー要素を加えた作劇、そして最後に大どんでん返しが訪れる展開は、以降のフェイクドキュメンタリー作品に多大な影響を与えた。いわば、フェイクドキュメンタリーの基本フォーマットをつくった作品だと言っても過言ではない。

なぜ『放送禁止』はそれほどまで影響力のある作品になったのか。そして長江俊和はなぜ、そんなフォーマットを生み出すことができたのか。長江自身が歩んできたキャリアに〝真実〟が隠されているのではないか。まずはその〝事実〟を積み重ねていくことから始めたい。

偶然の産物

「事実を積み重ねる事が　必ずしも真実に結びつくとは限らない」

2003年のエイプリルフールの深夜、そんなテロップが映し出されて、『放送禁止』の放送が突如始まった。冒頭に流れるナレーションはこの番組の特殊な体裁を端的に伝える。

「テレビ局には無数のビデオテープが存在する。テレビ局に保管される素材テープの量は推定100万本以上。番組として編集され音楽やナレーションを付けたテープを〝完パケ〟（完全パッケージ）、ロケやスタジオ等で収録された編集される前の段階のテープを〝素材〟と呼ぶ。

素材テープは放送終了後、消去されることが多く、保存されるものは社会的な関心の高いニュース素材や人気番組などの素材テープである。だが、保管されている素材テープはそれだけではない。何らかの理由で放送を見送られた〝お蔵入り〟と呼ばれる番組の素材テープも数多く保管されている。そしてそれら〝お蔵入り〟テープの中には当時のスタッフや関係者の変動などによって詳細がわからなくなったものもあり、なぜその番組が放送できなくなったのか？　さらにはそのテープの中に何が映っているのか記されていないものも数多く存在する。

この番組は当時放送が禁じられていたある番組の〝お蔵入りテープ〟を発掘し、その当事者たち等から了承を得て再編集したものである」

フリーのディレクターとしてフジテレビの番組制作に携わっていた長江俊和が、フジテレビの若きプロデューサー・春名剛生《はるなごお》と出会ったことで『放送禁止』の企画が動き始めた。それは〝幸福な出会い〟としか言いようのないものだった。

春名は初対面の長江に、UFOをテーマにした番組を作ることができないかと熱心に語った。当時、フジテレビではUFOを題材にした映画の企画が進行しているという話があった。1999年にフジテレビに入社した春名は、UFOや都市伝説に興味があったのだ。その話を聞いて長江は、「UFOで番組を作るのならオーソン・ウェルズが手がけたラジオドラマ『宇宙戦争』（※1）のようなものはどうだろう」と話すとまもなく意気投合した。

2人は『宇宙戦争』の設定を模して「お台場にUFOが襲来した」というフェイクドキュメンタリーを構想し、春名が企画会議に提出するも、編成局からは「お前、何考えてるんだ！」と一蹴された。

しかし、1999年の年末に公開された映画『ブレア・ウィッチ・プロジェクト』のヒットでフェイクドキュメンタリーの認知度と需要の高まりを感じていたため、長江と春名は「深夜にフェイクドキュメンタリーをやるのは面白いんじゃないか」と気持ちが再燃した。次の企画会議で見事に通った番組企画が『放送禁止』だった。当初のタイトル案は『タスケテ…』だったという。

こうして『放送禁止』第1弾はUFO、オカルト、ホラー、超能力など、長江が得意なジャンルを全部集めた「冗談のような」フェイクドキュメンタリー番組を作ることにした。いわば『放送禁止』は、長江俊和が、停滞気味だった深夜枠に仕掛けたちょっとしたイタズラ心から始まったのだ。

しかし、撮影が始まる1週間ほど前のある日、春名とは別のもうひとりのプロデューサーから「僕はオカルトとか超能力とかUFOが大嫌いだ」と思わぬ物言いが入った。彼曰く「わけのわからない、割り切れない終わり方が嫌だ」というのだ。

そこで、撮影開始直前にキャストを1人追加し、「オカルトのように見える不条理な事件が、よく見ると実は、条理に則った事件だった」という構造にシナリオの一部を急遽《きゅうきょ》書き換えた（※2）。したがって『放送禁止』の代名詞と言うべき、序盤に散らばった不可解な点と点が繋がる〝どんでん返し〟は、企画の根底を覆しかねない〝横槍〟による「偶然の産物」だったのだ。

長江にとってこのサスペンスドラマ的な謎解きを盛り込む作業は、望むところだった。

1966年生まれの長江は、70年代のオカルトブームの真っ只中で育った。しかし、むしろオカルトやホラー映画は苦手で、手で目を塞ぎながら見ていた。それよりも彼が惹かれたのは、オカルトの要素もありつつ、「真実は不条理ではなく条理である」という横溝《よこみぞ》正史《せいし》的なミステリーの世界だった。だから、『放送禁止』のシナリオを急遽変更するときも横溝の手法を参考にして、すぐに対応することができたのだ。

「子供の頃、部屋に『犬神家の一族』や『悪魔の手毬唄』のポスターを貼って、親や親戚に気味悪がられて（笑）。古谷《ふるや》一行《いっこう》のテレビシリーズとかも好きで、そこから小説も読むようになって、ああ、原作とこんなに違うんだと思ったり。だから、小学5年くらいからは、横溝一色。夏休みの自由研究で水車小屋のプラモデルを買ってきて、『本陣殺人事件』のトリックをつくったんです。先生も引いてましたね（笑）」（長江）

『放送禁止』に本格的なミステリー要素が入ったのは、偶然であり必然でもあったのだ。

ドキュメンタリーとの出会い

そして長江が、ドキュメンタリー的手法に行き着いたのも必然だった。

長江は中学生の頃には自分でも8ミリカメラを回すようになり、高校・大学では映画研究会に入った。ちょうど大林宣彦《おおばやしのぶひこ》の尾道3部作がブームだったこともあり、『いつか見た尾道』という3部作をミックスしたようなパロディ映画を撮って、文芸坐の自主映画コンクールに出品すると審査員特別賞を受賞した。当然、映画監督を志した長江だったが、彼が就職先に選んだのは、映画会社ではなくテレビの制作会社だった。

「僕、性格的にあまのじゃくなんですよ。だから素直に映画会社入ればいいのに、ドラマの制作会社に行っちゃうんですよね。最初の現場は中山美穂さん主演の『ママはアイドル！』（1987年、TBS）でした。その後は、TBSの昼の帯ドラマのADをしばらくやってました。ADで怒られながらも、映像の世界に入ったからには自分でも作りたいと思ってたから、トイレの中でシナリオを書いたりとかしてましたね」（長江）

しかし、当時のTBSには、制作会社のADがテレビドラマのディレクターになれるルートはほとんどなかった。一方で80年代以降、若い才能を吸い上げて新陳代謝に成功してきたフジテレビでは、外部のディレクターも監督に積極的に抜擢していた。その噂話を聞きつけた長江は、フジテレビでＡＤとして働き始めた。

するとほどなくして大きなチャンスが舞い込んだ。それはゴールデンタイムのドラマのチーフＡＤの仕事だ。それをうまくこなし認められれば、そのまま監督になれるかもしれない。しかし、運命は皮肉なもの。同時期にもうひとつ、別のプロデューサーから長江のもとに話が持ち込まれた。それは、ドキュメンタリー番組『ＮＯＮＦＩＸ』（１９８９年〜）のディレクターだった。念願のディレクターだが、ドラマではなくドキュメンタリーで取材対象はカルト新興宗教という色々な意味で〝危険〟なものだった。

「古代帝国軍という団体が『１９９４年6月24日、東京にマグニチュード9の巨大地震が起きる』っていうビラを配っている。彼らを追ったドキュメンタリーをやらないかって言われて、ゴールデンのドラマのＡＤとどっちをやろうかってときに、僕のあまのじゃくな性格がまた出ちゃったんですよね（笑）。ドキュメンタリーの〝ド〟の字も知らないような人間が『ＮＯＮＦＩＸ』のほうを取っちゃった」（長江）

古代帝国軍（のちの「ザイン」）は総統の小島露観《こじまろかん》が率いる思想団体。彼らは大地震が起きるという小島の予言を信じ、富士山の裾野に移住を始めているという。そんな団体に潜入するのはどう考えても危険だ。取材当初は恐怖心があったのは否めなかったが、総統は思いのほかお茶目で話しやすかった。周りの軍団員たちも濃いキャラクターで、取材していて楽しかった。

「でも、僕はドラマ畑の人間だから取材経験がない。どうやっていいかわからないんですよ。ドキュメンタリーなのに台本作ってカット割りとか入れたりとかして、引きとか寄りとかやろうとしたんだけど、当然その通りになんないですよね。でも逆にそれが面白かった。ちゃんと映画みたいにカット割りして撮っていくのとはまた違う映像の素晴らしさみたいなものを感じて。予期せぬカオスな映像が撮れる」（長江）

この経験は『放送禁止』シリーズのドキュメンタリー風の演出や、そこに登場する謎の集団や新興宗教の描写に生かされた。

『FIX』と『Dの遺伝子』

『ＮＯＮＦＩＸ』でドキュメント的手法の面白さを知った長江俊和は、フェイクドキュメンタリーのドラマ『ＦＩＸ』の企画を思いつく。フェイクドキュメンタリーはいまでこそ、よく知られるようになった手法だが、当時はあまり例がなかった。

「やっぱりドキュメンタリーで思ってもいないような映像が撮れちゃったりした感覚が忘れられなくて、これをドラマに応用できないかと思ってたんです。そんなときに、『ありふれた事件』（※３）というベルギーの映画を観たんですよ。それを観たときに、このやり方は日本でもできるんじゃないかなと思って、すぐに『ＦＩＸ』の企画を書いて提出したんです」（長江）

しかし、長江は当時ドラマのディレクター経験がなかった。そんな実績のない男の企画は普通は通るものではない。

「家庭用カメラとかで撮れちゃいますから、制作費50万でできます！」

編成の和田行《わだこう》に企画書を見せながらそんなハッタリを並べると、和田は編成会議にかけてくれた。すると別の編成も『ＦＩＸ』を面白がって乗ってくれた。

『FIX』は1996年の深夜に90分の枠で放送された。カルチャー雑誌『Quick Japan』創刊号に掲載された「〝現代版仕置人〟会見記」に着想を得た「密着！現代版必殺仕事人」と、かつて騒がれた超能力少年の現在を追った「あの超能力少年少女は今」の2本立てのオムニバスドラマだった。

当時も深夜では視聴率2〜3％で高水準と言われる時代に、『FIX』は5％を超える高視聴率を記録した。その結果、次なるフェイクドキュメンタリー企画として『Dの遺伝子』（※4）がレギュラー放送されることになった。近未来を舞台にしたフェイクドキュメンタリーだ。

当初、長江は『FIX』同様、現代のフェイクドキュメンタリーをやろうと考えていたが、プロデューサーから異論が出た。

「普通のフェイクドキュメンタリーでいいのか？」

通常のドキュメンタリーなら長期間密着してやっと撮れるようなものを、フェイクドキュメンタリーの場合はシナリオがあるから数日で撮れてしまう。ある意味で、作り手が汗をかいている感じが出ない。それでは普通のドキュメンタリーに負けてしまうのではないか、という指摘だった。長江は「フェイクドキュメンタリーでしかできない番組、フェイクドキュメンタリーをやる意味」を考えることとなった。

そうして考えていくうちに、「未来のドキュメンタリー」という企画ができあがっていった。たとえば「寿命遺伝子が発見されて、自分の寿命が残り5年と言われたとき、その人間はどのような反応を起こすのか」、そんな近い未来に起こり得る物語を、フェイクドキュメンタリーを通じてリアルに描くことにしたのだ。

〝容疑者〟香取慎吾

そして1999年、長江はいまや〝伝説〟となる番組を手がけている。テレビで絶大な人気を誇るアイドルを起用できたことで、テレビ番組のフォーマットと、これまで培ってきたフェイクドキュメンタリーのノウハウを最大限活用した、壮大な〝実験〟を仕掛けることができたのだ。

「誠にショッキングな事件です！　タレントの香取慎吾容疑者が現在奥多摩町の山荘に女子高校生2人を人質にして立てこもっている模様です！　そこで番組の予定を変更いたしましてこの事件の模様をお伝えしたいと思います」

本来では『ＳＭＡＰ×ＳＭＡＰ』（フジテレビ）が始まる時間に「緊急報道番組」が始まった。

現場の中継では、上空を旋回するヘリコプター、山荘を取り囲むたくさんの警官隊、状況をリポートする報道陣の様子が映し出される。

やや興奮気味のリポーターが事件の概要を伝えている。夜8時50分頃、若い女性の声で１１０番通報があったという。それは以下のような内容だった。

・奥多摩町の山荘に友人と2人で監禁されている。相手の男はタレントの香取慎吾である。

・香取慎吾に迫られ、断るとナイフで脅し監禁状態にされた。

・香取慎吾はかなり興奮している。

実はこの事件の以前から、香取慎吾が面識のあった女子高生「Ａ子」にストーカー行為をしていたと一部報道で伝えられていた。通報をした女性の身元は警察から発表されていないが、テレビ取材班の調べではA子でほぼ間違いがないという。山荘への電話も通じず、捜査官の問いかけにも応じないため、内部の状況はわからない。だが、窓越しには香取慎吾本人と思われる人影は確認されたという――。

もちろんこれは、実際のニュースではない。「緊急報道番組」をリアルに模したフェイクドキュメンタリーだ。

「香取慎吾2000年1月31日」と題され『SMAP×SMAP』特別編として1999年12月13日に放送された。長江は『Dの遺伝子』の後、制作会社「イースト」が制作を担った『奇跡体験！アンビリバボー』（フジテレビ、1997年〜）の立ち上げからディレクターとして参加した。そのイーストにフジテレビから「『アンビリバボー』チームで香取慎吾くんの『スマスマ』特別編ができないか」と打診があった。当時、SMAPは新進気鋭のクリエイターと組んでたびたび実験的な作品を作っていた。香取慎吾側からは「トガったことをやりたい」という申し出があった。

「緊急報道番組」のスタジオにはアナウンサーの他、急遽、コメンテーターとしてテリー伊藤や芸能リポーターの前田忠明《まえだただあき》、そして専門家として元警視庁捜査一課の男性が集まっている。

「なんでこうなっちゃったんですかねえ。先日仕事で一緒になったんですけど、まったくそんな素振りを見せなかった」と山荘にいるのが本当に香取なのかと疑問を呈するテリーに対し、前田は「間違いないと思いますよ。今日収録現場に姿をあらわさないんだから」と返す。

さらに緊急報道番組では、翌日のワイドショーで放送する予定だったという「A子」に対する独占取材のVTRがあると言い、それを流すことに。

そのVTRの冒頭には「人を好きになったらどんな手を使ってもものにするまで諦めないですね」という香取のラジオ番組での発言が抜き取って挿入され「香取慎吾を凶悪犯にした!?　本当の理由！」というテロップが躍る。

発端はインターネット上の掲示板への書き込みだった。それはA子と香取の交際の様子を伝えるもの。

翌月には、マンションの出口で2人をとらえた2ショット写真が掲載される。それにマスコミが追随し、「香取慎吾に新恋人!! 相手は女子高生」と報道。さらに、その後の続報で、2人は「交際」関係ではなく、香取が「ストーカー行為」をしていたという事実が発覚した。

香取は一連の報道に対し沈黙を貫いたため、取材班は相手の女性A子に接触する。彼女は独占取材に応じ、その出会いからこれまでのことを語った。

「香取さんの誕生日に、私はプレゼントを用意していて渡そうとしたときに転んじゃったんですよ。そのときに香取さんが抱き起こしてくれて。そのプレゼントの中にケータイの番号を書いていてそれを見て電話をしてきてくれたんです」「彼は私と深い関係っていうのを考えていて。でもまだ高校生だし断ったんです」

すると香取は待ち伏せをし「話がある」と強引に迫ったり、一方的にプレゼントを贈ったりしてきたという。そして彼女が香取からもらったというネックレスは、以前香取がしていたものと同じであることが、残された収録素材から証明された。

「この女子高生のインタビューからも慎吾くんがストーカー行為をしていた事実がハッキリしましたよね」

ＶＴＲ明け、前田忠明が語っていると、マスコミ各社に香取慎吾本人からＦＡＸが届き、その文面が読み上げられる。

「世間をお騒がせして大変申し訳ありません。ＳＭＡＰの香取慎吾を捨て、僕は一人の女性を愛して生きていきます。日頃お世話になっている皆様、ファンの皆様には、大変ご迷惑をおかけしますが、これも一人の男として決めたことです。わがままを許してください。香取慎吾」

それに対し「わがままというより犯罪ですよ！」と前田が激昂している。

そうこうしているうちに、人質のうちの１人が自力で脱出。ナイフで刺されケガをしているという。脱出した女性の話では香取は錯乱しており、いつ危害を加えられてもおかしくない状況とのこと。これを受け、狙撃隊が現場に到着した。

専門家も「もし女子高生に危害を加えたなら強硬手段もやむを得ないでしょう」と語る。番組では、視聴者へ「強硬手段をとるべき」か「引き続き様子を見守るべき」

かで電話によるアンケートを実施するのだ。

反響は凄まじかった。何しろ、ゴールデンタイムで超人気番組『SMAP×SMAP』の特別編だ。もちろん、番組中には何度も「これはフィクションです」というテロップを出していたが、局には「香取くんがあんなことするわけない!」だとか「香取くんが死ぬなら私も死ぬ!」といった電話が殺到した。

「山荘の部分は事前に収録したもので、それをスタジオと生中継風に掛け合いをしてもらうんです。だから、スタジオにいる司会者には『くれぐれもアドリブを言わないでください』ってお願いして(笑)。スタジオのコメンテーター役で出てもらったテリー伊藤さんに『あれ、VTRだったんだ。生だと思ってたよ、スゴイね!』って言われたときは嬉しかったですね。ディレクターの大先輩ですから」(長江)

立てこもった香取慎吾に対して次の行動を問うアンケートにも、想定を超える数の票が集まった。どちらが選ばれてもいいようにVTRはふたつ用意していたという。

視聴者の投票は「強硬手段をとるべき」が上回った。

強行突入し、鳴り響く銃声。

撃たれた香取がタンカに乗せられ運ばれていく。

すると、突然、香取が立ち上がり画面に向かって語りかける。

「あなたはこの一連の報道をどう見ていましたか？　人の生死がかかわった状況であるにもかかわらず、ひょっとしたら興奮して楽しんでご覧になった方もいるんじゃないでしょうか。

そう、特に『強硬手段をとるべき』に投票したあなた。あなたが知っていることがすべて真実とは限らない。いまからお見せする本当の真実。それを見終わった後、あなたはどう感じるのでしょう？」

この後、香取側から見た事件の概要がドラマとして放送される。そうして実際にはまったく逆の〝真実〟が明かされていくのだ。

再び「報道番組」に切り替わる。

「ショッキングな情報が入ってきました。たったいま、ＳＭＡＰの香取慎吾容疑者の死亡が確認されました。繰り返します。ＳＭＡＰの香取慎吾容疑者が死亡しました」と伝えられる中、番組は、香取のこんな言葉で締められる。
「時に誤解があったとしても人と人とは、わかりあえる。僕はそう信じている」

フェイクドキュメンタリーは「もともと境界が揺らいでいるフィクションとドキュメントの本質を逆手に取って形にする表現」だと長江は言う。
「高度なメディア社会になったいまの世の中における視聴者のリアリティって、きっとニュース映像なんですよ。そのものズバリ、殺人の現場を見せるよりも、レポーターが殺人事件のあったマンションの前でしゃべっている方が現実感がある。そういうニュース番組の文法を応用するということが、まず考えた方法論です」（長江／※5）
まさにこの方法論を使ったのが「香取慎吾２０００年1月31日」だろう。そして、それを踏まえ「ドキュメンタリーの要素（実際の人物や事実、正しいデータ等）を物語の要所要所に盛り込むことで、作品を〝フィクションなんだけれども、あり得るかもしれない怖い話〟にみえるように工夫する。そういう真実と虚構の境界線の曖昧さを使って、どれだけ遊べるか、という実験」（※5）が『放送禁止』シリーズなのだ。

「ある呪われた大家族」のリアリティ

『放送禁止』は最後に「この番組はフィクションです。しかし以下の事象・人物は実在します」と注釈される通り、番組中に実在するデータや人物が登場し、ドキュメンタリーとしてのリアリティを高めている。

しかし、『放送禁止』第1弾では、前述の通り一度できあがったシナリオを、プロデューサーからの要請で急遽改変したこともあり、「やり切れなかった」という思いが強かった。視聴率も決して高くなかったし、反響もそれほどなかった。一方で、スタッフの間では面白いチャレンジができたという高揚感があった。「真実が明かされないミステリー仕立てのフェイクドキュメンタリー」という新しいスタイルに可能性を感じていたのだ（※2）。

そんな中、偶然にも午前3時20分からという深夜ながらも空いた枠に、第1弾からわずか2か月後の2003年6月7日、第2弾の放送が決まった。第1弾の反省を受け、制作当初からさらなる〝どんでん返し〟のために重層的な構造を考え制作された。従って、この第2弾こそが『放送禁止』のスタイルの実質的なスタートだという評価も少なくない。

「事実を積み重ねる事が　必ずしも真実に結びつくとは限らない」

第1弾同様、代名詞となるテロップが流れ、第2弾では「この番組は細部にまで画面に目を凝らしてご覧頂きたい　あなたには隠された真実が見えるだろうか？」という注釈も加えられた。

番組は浦さん一家の朝のラジオ体操の風景から始まる。

父・敬一郎（46歳）を中心に母・司（38）、長女・林檎（18）、次女・蜜柑（17）、長男・豪毅（16）、次男・隆太（11）、三女・梨枝（9）、四女・檸檬（6）、四男・団（5）という3男4女の大家族が、楽しそうに体操をしている。

朝食は全員が卓を囲み、「パパだけの特別メニュー」の牛肉の佃煮を猫のエンリケも父と一緒に食べている。

父は「家族はいつも一緒がモットー」だとどこか誇らしげに言う。

そんな彼は大工をしていたが、足に大怪我を負い仕事を休んでおり、現在は母のパート代で生計を立てている。苦しい家計ながらも、家族にはにぎやかな笑い声が絶えない。

ここで平成12年の国勢調査の「全国の大家族」軒数等のデータが挿入される。朝8時すぎ、子供たちは学校へ、妻はパートに出かける。その後、恐ろしい出来事が起こる。四男の団が怪我をしたのだ。父は「目を離した隙に公園で転んだ」と説明している。ここで四女・檸檬が絵日記を描いている姿が一瞬挿入される。

実は、浦家ではこのところ子供たちの原因不明の怪我が続出していた。それどころか、1年前には三男の鷹治が、近所の河川から水死体で発見されるという痛ましい出来事が起こっていた。

このあたりから番組には不穏さと言いしれぬ違和感が漂い始める。

「お父さんを楽にしたい」と薬学部を目指し大学受験の勉強をしている長女・林檎。野球選手が夢で素振りをかかさない長男・豪毅のあだ名は「ジャストミート」。檸檬が描いている家族の絵には父親が描かれていない。「もうすぐいなくなるから」と。

そんな中、一家の郵便受けに謎の心霊写真が届けられる。2年ほど前にも入っていたことがあり不気味がって捨てたが、捨てても捨てても繰り返し入ってくるのだという。ちょうどその頃から、一家に不幸な出来事が立て続けに起き始めていた。

「写真の……祟《たた》りなのかな」

母は不安に苛まれ、霊能者にお祓《はら》いを頼むも、父だけは参加しなかった。

そして、数日後。父が失踪する。

1か月ぶりに取材班が一家を訪れると、そんな過酷な状況でも塞ぎ込まず失踪中の父に代わり母を中心にして、明るく元気にラジオ体操をしている一家の姿があった。そしてラジオ体操をしている庭には、愛猫エンリケの墓が作られていた。

そこにこんなテロップが表示される。

「あなたには真実が見えましたか?」

第2弾以降は、一見、通常のドキュメンタリー作品として見えるように作られている。

だが、よく目を凝らして画面の細部まで見ていったり、それぞれの言動の裏の意味を探っていったりすると、表面的に描かれた物語とは別の〝真実〟が見えてくる。

「第1作目は単に失敗してるんですよ。あの結末、普通にTVを観ているだけじゃ95％の人はわからない（笑）。なので『2』を作る時は、これは映画じゃないんだと。能動的に観るのじゃなく、なんとなく受動的に観るのがTVの特性だと。しかも『放送禁止』なんて、何の告知もなく深夜に突然放送するような番組なんだから（笑）、偶然遭遇する形で観ても、半分くらいの視聴者はわかるオチにしないとダメだなと」（長江／※5）

第2弾は「大家族」をテーマにすることにした。『NONFIX』のあと、長江は『大家族スペシャル』に携わったことがあり、そのときの経験が役に立つと思ったからだ。副題は「ある呪われた大家族」とした。

また、『奇跡体験！アンビリバボー』で放送した内容もシナリオに取り入れた。同番組では一時期、「心霊写真」企画が大人気だった。「ある呪われた大家族」で使われている心霊写真も実は『アンビリバボー』に投稿された「誰が何処《どこ》で撮ったのかもわからない」いわくつきの写真だ（※6）。

そこから着想を得て、誰がどこで撮ったかわからない1枚の心霊写真の謎を紐解いていく「心霊写真の旅」という企画を長江は温めていた。このふたつを組み合わせたのが「ある呪われた大家族」だったのだ。

心霊ドキュメンタリーでの発見

『アンビリバボー』は日本のオカルト番組において重要な役割を果たした番組だ。心霊現象や心霊スポットを取材する過程をドキュメンタリーとして見せる、いわゆる「心霊ドキュメンタリー」の手法を確立したのだ。それまでも宜保愛子《ぎぼあいこ》のような霊能力者がタレントとともに心霊現象が噂される場所を訪れリポートするといった企画や再現ドラマによって見せるという手法はあったが、スタッフが捜索する過程をつぶさに見せていくドキュメンタリーは珍しかった。

決定的な作品が生まれたのは、2000年8月24日。『アンビリバボー』「2時間恐怖スペシャル」の中で放送された「地図から消えた悪霊村 決死の潜入スペシャル」だ。いわゆる「杉沢村伝説」を検証した回。担当ディレクターはやはり長江俊和だった。

杉沢村とは、青森県にあると言われる廃村。その入口には古ぼけた鳥居とドクロのような石がある。この村では昭和初期、ある若者によって村人全員が惨殺されたと伝えられており、村に立ち入った者には命の保証はないという。そんな「地図から抹消された村」の噂は以前から地元の若者の間では知られた怪談であったが、インターネットの普及とともに2ちゃんねる（現・5ちゃんねる）の「オカルト板」を中心に爆発的に広まった。

長江は2時間スペシャルのために別の企画を考えていたが、許可がおりずに断念。急遽、以前会議で上がっていた「杉沢村」を取り上げることにした。ちょうど、ネット上でも話題になっていたからだ。

しかし、インターネットの噂だけで村が実在するかもわからない。果たしてこれで2時間番組を作れるのか不安があった。実際、青森まで行ってみると難しそうな感触だった。

それを報告するとプロデューサーから無情な答えが返ってきた。

「50分尺のVTRが撮れるまで帰ってくるな」（※7）

だからだろうか。VTRでは車に乗って村の痕跡を探しながら、様々な場所を右往左往している光景が長く映し出されている。だが、意外にもそんな車窓の風景がもっとも視聴率を獲ったという（※7）。つまりは「何かが起こった」、あるいは「何かが見つかった」

という事実よりも、「何かが起こりそう」、「何かが見つかりそう」という予感のリアリティにこそ、視聴者は釘付けになるということだ。その〝本質〟に長江は気づいたのだ。この放送は当時の番組最高視聴率を更新し、その後、番組は心霊ドキュメンタリー路線へと舵を切っていった。

長江は番組を通してもうひとつ気づいたことがある。なぜか人々は「村」に惹きつけられるということだ。思えば長江が敬愛する横溝作品でも『獄門島』よりも『八つ墓村』のほうが世間的な人気は高い。「杉沢村」の後も同様の手法で「島」についての調査をしたこともあったが、やはり反響は「村」のほうが大きかったという。

『放送禁止』でも第5弾（2006年10月15日）で「村」を舞台にしている。「しじんの村」である。

長野県にあるというその集落では、社会や学校に馴染めず傷ついた人たちが助け合いながら共同生活を送っていた。そのリーダーは「しじん」こと久根仁。教師時代に起きた生徒の自殺をきっかけに「しじんの村」を設立したのだ。その村では本名を名乗らず、ハンドルネームで呼び合うのがルール。シュウ、ウッチー、フク、ハニコ、Sカルマといった年齢も性別もバラバラな人々が暮らしている。

しかしある日、ハニコが自殺未遂をしてしまうのだ。

考察ブームの先駆け

第5弾ともなると『放送禁止』はもはや好事家たちの間では有名になっていた。

「最初の頃は、割とすんなりオチのアイデアが出てくるんですけど、やっぱり作るに従って、またこのオチかとは思われたくない。『放送禁止』ファンの人も裏切りたいし、初めて見た人も納得してもらいたいから、難易度は上がっていきましたね。伏線とか仕掛けとかはオチが決まった後に付け足していきます。

よく『見切れ』（※8）を使いますけど、何パターンも撮ります。それで編集で試行錯誤です。プロデューサーとか初見の人に見てもらって気づくか気づかないか実験もします。オチのカットもいくつかパターンを撮って、わかりやすさの調整をします」（長江）

長江も「最初に出会った『放送禁止』が一番好きという方が多い」（※9）と語ってい

るように、その構造を知らずに〝見てしまった〟ときが、もっとも『放送禁止』を楽しめることは紛れもない事実だ。だが、この頃には『放送禁止』がテレビ欄にあらわれると、放送前から話題になり、放送中からネット上でさかんに〝考察〟が交わされるようになっていた。

その中には作者の長江すら〝気づかなかった〟ものさえあった。

たとえば、第5弾「しじんの村」に登場する人物のハニコという名前。実は大学時代に撮った自主映画の主役の名前からなんとなくつけただけだったが、ネット上では登場人物3人の名前「フク」「シュウ」「ハニコ」をつなげて「復讐は二個」になると書き込まれていて、長江自身「ゾクッと」したという。

同じくSカルマという名前も、長江が敬愛する安部公房《あべこうぼう》の『S・カルマ氏の犯罪』から採ったものだが、視聴者の指摘であることを思い出しハッとした。安部公房には『詩人の生涯』という小説があり、それに触発されて「しじんの村」が生まれたのではないかというのだ。そういうわけではなかったのだが、「しじんの村」と『詩人の生涯』が深層意識で結びついていて、登場人物の名前を安部公房の小説から引用していたのだろう。

放送中、放送直後の2ちゃんねるの書き込みを読むのも長江は楽しみだった。謎を解いた人が「あれはこうだ」と書き込むと、一瞬、書き込みが減る。そして、少し経つと「キターー!!」といった文字が躍るのだ。つまり、書き込まれた考察を読み、それを自分で検証して、確かにそうだと思ってから反応しているということだ。

その中には「まったく考えていなかったことまで深く読み取り、それが芯を食っている」こともあった（※9）。『放送禁止』とネットは極めて親和性が高かったのだ。昨今のいわゆる「考察ブーム」の先駆けとも言えるだろう。

その発露は第2弾のとき。「大家族」で登場人物が多かったため、放送尺の問題もあり、エンドロールにキャスト名のクレジットをしなかった。そのことが結果的にドキュメンタリー的な匿名性を高めることとなった。そして、思わぬ事態も生んだ。ネット上で〝林檎ちゃんを探せ〟といったサイトができたのだ。そして2ちゃんねるなどの掲示板、ブログの普及とともに盛り上がっていった。

同時に当然のようにクレームの電話も殺到した。第4弾の「恐怖の隣人トラブル」を放送したときには、あまりにも苦情の電話が多くかかってきたため、ついに上層部に〝見つかって〟しまった。上層部に呼び出された当時の編成担当である濱野貴敏《はまのたかとし》は、番組を見せるように迫られた。もちろん、拒否することはできない。祈るように試写が終わるのを待っていると、番組を視聴した上層部の人物は言った。

「いいじゃん、もっとやりなよ」（※10）

ドラマの新しい手法であると思わぬ高評価を受けたのだ。まさに長江は「テレビドラマの新しいスタイルだと思ってやっていた」という。

「やっぱりフジテレビの深夜って『NIGHT HEAD』もそうだし『世にも奇妙な物語』の前身である『奇妙な出来事』もそうだし、テレビ番組の新しい形をつくったと思うんです。『放送禁止』もそういうつもりで作っていました」（長江）

『放送禁止』の作り方

もちろん作り方も独特だった。『放送禁止』には2種類の台本があった。

「役者に渡す台本には、セリフはちゃんと書いていないんです。こんなことを言う、みたいなものを箇条書きにして、そこの要点を自分の言葉で補ってやってもらう。でもその裏で役者には見せない台本があるんです。僕やプロデューサー、スタッフしか見ない。そこにはちゃんと想定したセリフが書いてあります。だからテイク10とか20とか平気であります。しかも長回しだから、編集が大変。全部自分でやるんですけど。編集マンに任せればいいんですけど、裏側を見られるのがなんか恥ずかしくてできないんですよね」（長江）

そうしてドキュメンタリーとしてのリアリティを追求する一方で、完璧なドキュメンタリーに見えるものは目指していないという。あえて「ドラマ的なカット割りが急に出てきたり、ホントかウソかどっちなの？　ていう変な感じを常に意識」（※5）して作っていた。

この仄《ほの》かな違和感こそが、何かが起こりそう、何かがわかりそうな予感となり、視聴者を画面に釘付けにさせる。そして最後に訪れる〝どんでん返し〟で視聴者は騙される快感に浸りながら、ハッキリわからないものをわかりたいという欲求に溺れるのだ。

『放送禁止』は2008年6月23日に放送された第6弾「デスリミット」の続編として同年9月に劇場版「密着68日 復讐執行人」として映画化もされた。その後は「ある呪われた大家族」の続編として『ニッポンの大家族 Saiko! The Large family放送禁止 劇場版2』（2009年）、『放送禁止 劇場版3「洗脳〜邪悪なる鉄のイメージ〜』』（2014年）と映画が製作されるようになった。

しかし、やはり不特定多数の人が受動的に見る可能性がある「テレビで放送されるのが大事」（※10）という思いが強く、2017年1月2日、番組の熱狂的ファンであったくりぃむしちゅー・有田哲平をナビゲーターに据える形で、第7弾「ワケあり人情食堂」を放送した。さらに「禁止」シリーズと銘打ち、活字でしか表現できない〝フェイク〟を小説『出版禁止』として執筆している。さらに『出版禁止　死刑囚の歌』『出版禁止　ろろるの村滞在記』、江戸川乱歩と横溝正史の交流をテーマにした『時空に棄てられた女　乱歩と正史の幻影奇譚』を出版している。

また長江は、フェイクドキュメンタリー・ミステリーのパイオニアとして、アメリカでヒットした映画『パラノーマル・アクティビティ』の日本版『第2章　TOKYO NIGHT』（2010年）を任され、フジテレビ深夜の不定期枠では『eveのすべて』（2012年）や『SHARE』（2014年）などフェイクドキュメンタリー的演出を応用した不穏なホラーミステリーを制作。さらに2019年からは『放送禁止』的な映像手法もクイズに取り入れて応用した有田哲平MCの『世界で一番怖い答え』（2019

年〜、フジテレビ）の監修・問題提供もおこなっている。

間違いなく『放送禁止』は日本におけるテレビ・フェイクドキュメンタリーの〝ファーストインパクト〟だった。大森時生を筆頭に『放送禁止』に影響を受けた制作者は数多い。現代のテレビ・フェイクドキュメンタリーのフォーマットは『放送禁止』が形作ったと言って過言ではないだろう。間違いなくそれは「新しい」ドラマの形だった。既存の様式を揺るがした演出は、フィクションとノンフィクションの境界をも揺るがした。『放送禁止』にひとたび出会ってしまえば、食い入るように何度も繰り返し見て、自分なりの〝答え〟を出さずにはいられない。そうやってフェイクを全力で楽しむ文化を育むこととなったのだ。

また、この作品の成功があったから、テレビでフェイクドキュメンタリーの企画が通るようになったという証言も少なくない。『放送禁止』はそれまで「禁止」されていたかのように硬直していたテレビドラマの表現の可能性を切り拓いたのだ。

※1　1938年10月30日にアメリカで放送されたラジオドラマ。H・G・ウェルズの原作をもとに、現場からのリポートなど実際のニュース放送のような形で放送されたため、それが本当のことだと勘違いしたリスナーがパニックに陥ったと伝えられている番組。番組冒頭に「フィクション」であるという断りも入れていることを含め、いわば、フェイクドキュメンタリーの原点とも言える作品。

※2　長江俊和：著『検索禁止』（新潮新書）より

※3　1992年に公開（日本では1994年公開）されたベルギー映画。殺人と強盗を生業にする男の密着ドキュメンタリーの撮影クルーたちを描いた映画。

※4　1997年4月7日から9月29日にフジテレビの深夜実験枠「JOCX－TV2」で放送された連続ドラマ。ドキュメンタリーを模してはいたが、菅野美穂、袴田吉彦、高橋一生、遠山景織子、松尾貴史ら顔を知られた役者を起用していた。長江自身が演出したのは、全24話中4本。

※5　『Quick Japan』Vol.57（太田出版）より

※6　ある年のフジテレビの夏のイベント「お台場冒険王」の『アンビリバボー』ブースで投稿された心霊写真を展示したところ、その写真だけが何者かによって盗難されてしまった。『放送禁止』では、『アンビリバボー』本編でその写真を映した場面をキャプチャーして使

用した（ＹｏｕＴｕｂｅ「オカルトエンタメ大学」２０２３年5月16日より）。
※7　ＹｏｕＴｕｂｅ「オカルトエンタメ大学」２０２３年5月15日より
※8　画面の奥や隅に本来映ってはいけない人や物が映ってしまうこと。これをわざとおこない、霊などが映ったように見せる演出が「Ｊホラー」映画によって確立された。
※9　『小説新潮』２０１９年2月号（新潮社）より
※10　ＹｏｕＴｕｂｅ「禁止会議」２０１７年2月10日より
※特に注釈のない長江俊和氏の発言は、２０１９年1月21日に開催された筆者との対談イベント「てれびのスキマの『全部聞け。』」のもの。

ミニコラム①

『放送禁止』前史

長江俊和が登場する以前ももちろんフェイクドキュメンタリー的作品は日本にあった。その萌芽とも言えるのは、今村昌平《いまむらしょうへい》による映画『人間蒸発』（1967年）だろう。ある失踪した男性を婚約者とともに追う取材過程を収めた記録映画のように始まるのだが、次第に現実を離れ物語が進行していく。こうした映像における「虚構性」を問い直す試みは、70年代からテレビの世界でもおこなわれ始める（※ミニコラム⑥参照）。また、『金曜スペシャル』（1970年～、テレビ東京）や『木曜スペシャル』（1973年～、日本テレビ）、『水曜スペシャル』（1976年～、テレビ朝日）を始めとする大型特番枠では、虚実を曖昧にしたモンド映画的ドキュメンタリーが放送されていた。

そんな中、1978年、東京12チャンネル（現・テレビ東京）の日曜お昼のドキュメンタリー枠『青春の日本列島』でまだデビュー間もないタモリに密着したドキュメンタリーが放送された。本作は普通の眼鏡に地味な格好をしたタモリが、仕事場となる新宿へ向かう電車内で「タモリ」に変身するところから始まる。しかし、普段は安アパートで病弱の妻と5歳の娘と赤ん坊とで慎ましい生活を送っている。そして酒を飲みながらいまの仕事への虚しさを語り、大粒の涙を流すのだ。もちろん、フェイクだ。タモリに子供はいないし、妻も病弱でもない。『タモリ・涙と笑いのウソ』と題されたこの作品は、「もういいかな?」と泣くのをやめ、大笑いするラストシーンで幕を閉じる。フェイクを明示した紛れもないフェイクドキュメンタリーだ。ちなみにタモリといえば『タモリ倶楽部』(テレビ朝日)の初回(1982年10月9日)でも「ドキュメンタリ劇場 現代の顔」と題してラジオの本番終了後のタモリの〝プライベート〟に密着する「タモリを追え」というフェイクドキュメンタリーが放送されている。こうしたタレントのプライベート密着系フェイクドキュメンタリーはバラエティ番組との相性が良く、しばしば見られる。

バラエティでは、90年代半ばからドキュメントバラエティが流行していく。特に『電波少年』シリーズ(1992年〜、日本テレビ)で猿岩石《さるがんせき》の「ユーラシア大陸横断ヒッチハイク」と『めちゃ×2イケてるッ!』(フジテレビ)が始まった1996年は、〝ドキュメントバラエティ元年〟と呼べるだろう。

そしてその翌年の1997年は、日本における〝テレビ・フェイクドキュメンタリー元年〟と言える。まず長江俊和らによる『Dの遺伝子』(フジテレビ)がレギュラー放送されると、WOWOWでは、WAHAHA本舗主宰の喰始《たべはじめ》による『そして天使は歌う／ぼ・ぼ・僕らは正義の味方』が放送される。普段はごく普通の生活を送る人たちが、自作のコスチュームを着て「正義のヒーロー」として活動する姿を追うフェイクドキュメンタリーだ。さらに朝日放送で「大王」こと後藤《ごとう》ひろひとが『青春トライ'97』「衝撃映像：恐怖のポキノン星人」を制作。番組冒頭には「これから放送する番組は100％作り話です」という注意テロップが表示された。群馬県で放送されたローカル番組という体裁で、夢を追う青年ボクサーを追ううちに、〝異変〟が起こり始め、やがて「ポキノン星人」の謎を追うドキュメンタリーに。核心に迫ったところで突然、「翌日、ディレクターが死んだ」というナレーション。その後も次々とスタッフが簡単に死んでいくドタバタコメディ。ついには人魚やタイムスリップしてきた武士なども登場する。翌年にも『青春トライ'98』「カメラはとらえた！驚異の怪奇現象ちょろりん小僧の恐怖！／驚愕映像！東西スパイ戦争」を放送。さらに後藤は20年以上の時を経て、フェイクドキュメンタリーコメディ映画『エキストロ』（2020年）を製作するのだ。

第2章

拡張

Ⅱ ドキュメンタリーの幻想を破壊する〝フェイク〟

～『森達也の「ドキュメンタリーは嘘をつく」』（2006）

日本のテレビ・フェイクドキュメンタリー史において、2000年代半ばから2010年代半ばは、フェイクドキュメンタリー的手法がバラエティやドラマ、ドキュメンタリーなどの各ジャンルで模索され、その可能性を拡張した時期だった。

これは、テレビというメディアが急速に低迷し始めた時期と重なる。広告収入が減少（※1）したことで番組予算も縮小されて、それまでの成功体験では立ち行かなくなった。テレビ全体が〝守り〟に入り、確実に視聴率が獲れる高年齢層向けの情報バラエティが全盛となっていく。

その結果、「若者のテレビ離れ」という言説も目立つようになってきた（※2）。ちょうどインターネットも急速に普及していき、テレビの対立概念のように捉えられていた。そんな停滞する状況の中で、ゲリラ的に〝新しいもの〟を生み出す挑戦のひとつの形がフェイクドキュメンタリーだった。ドキュメンタリー、ドラマ、バラエティ各ジャンルに〝愉快犯〟たちがあらわれ、フェイク的演出を用いることで、それぞれのジャンルが抱える課題を解消しようと企てたのだ。ではなぜ、それがフェイクドキュメンタリーだったのだろうか。

本章では、そんな2000年代半ばから2010年代半ばのフェイクドキュメンタリー的表現拡張の足跡を追ってみたい。

ドキュメンタリーの幻想

日本ではテレビドキュメンタリーに、大きな注目が集まることはほとんどない。もちろん、何年かに一度は話題作があらわれるが、あくまでもそれはイレギュラーな事態だ。なぜならテレビで放送されるドキュメンタリーのほとんどには、社会問題を取り扱った「真面目」で「お堅い」イメージがつきまとうからだ。

加えて、「公正公平」で「客観的に正しい事実を描写しなければならない」というドキュメンタリーの〝鉄則〟が、視聴者だけではなく、制作者にもはびこっていることでドキュメンタリーを見る入口を狭くしてしまっている。万人が流入しやすいバラエティとは異なり、扱われたテーマに問題意識のある人しか見ない傾向にある。結果としてドキュメンタリーの放送枠はいまも減り続けている。

そんな〝つまらない〟ドキュメンタリー界に風穴を開けたのが森達也だった。森は、作為と主観丸出しのドキュメンタリーを次々と制作。賛否両論を巻き起こしながら普段はドキュメンタリーを見ない層をドキュメンタリーの世界に引き込んでいった。

2006年3月26日にテレビ東京で放送された『森達也の「ドキュメンタリーは嘘をつく」』では、さらなる仕掛け、つまりはフェイクドキュメンタリーで、ドキュメンタリーの〝常識〟をさらに揺さぶったのだ。

そもそもフェイクドキュメンタリーが絶大な効果を生むのは、ドキュメンタリーに「公正公平」で「客観的に正しい事実を描写している」という〝幻想〟があるからだ。それが反転したときに、人は驚き感情を刺激される。

『森達也の「ドキュメンタリーは嘘をつく」』は冒頭、「ドキュメンタリーに真実はあると思いますか？」という街頭インタビューから始まる。

「あると思います」「あるんじゃないですか？　嘘はないと思って見てるんで」「真実だと思いたいですね」「疑うほうが話として面白くないですから」

やはり皆が一様に、ドキュメンタリー＝真実だと口を揃えているのだ（この街頭インタビューの答えも恣意的に並べられているのだが）。

この番組は「メディアリテラシー特番」として制作された。タイトルが示す通り、ドキュメンタリー作家・森達也が2005年3月に草思社から出版した『ドキュメンタリーは嘘をつく』の主題をベースに作られた。

この番組の立ち上げはこんなやり取りから始まった。

「ご相談なんですが、来年の春に放送予定のメディアリテラシーをテーマとした番組を任されています。お忙しいとは思いますが、是非森さんに、その番組を作ってもらいたいのです」

森が、テレビ東京のプロデューサー・替山茂樹《かえやましげき》から声をかけられたのは、2005年の夏にBPO（放送倫理・番組向上機構）主催のシンポジウムにパネラーとして出演を終えた後だった。このとき、森は「僕はテレビに嫌われていますから」と一蹴した。けれど、替山は諦めなかった。何度となく森が出演するイベント等に足を運び、声をかけ続けたという（※3）。

森達也といえば、オウム真理教を内部から撮ったドキュメンタリー映画『A』（1998年）、要注意歌謡曲指定制度により〝放送禁止〟となった楽曲について、なぜ放送できなくなったのか、そもそもなぜこのような制度が生まれたのかを追った『「放送禁止歌」〜歌っているのは誰？ 規制しているのは誰？〜』（1999年、フジテレビ）など、〝タブー〟に踏み込んだ作風で物議を醸《かも》してきた。もっとも森本人は「『タブーだと皆が思いこんでいることのほとんどはタブーではない』ことを呈示しただけで、タブーそのものには抵触していない」（※4）と平然と言ってのけている。

テレビ東京では、2003年度からメディアリテラシーをテーマにした番組を放送する取り組みを始めた。その多くは子供に向けたものだった。しかし、本当にいま、メディアリテラシーの向上が必要なのは大人なのではないか。そんな思いから替山は、大人向けのメディアリテラシー特番を構想していた。

著書で「ドキュメンタリーというジャンルについては、表現行為というよりも事実の客観的記録として見なす人のほうが、特に日本においては多数派だろう。観る側だけではない。撮る側もこの錯誤に浸かっている。観る側と撮る側が無自覚に加担するこの領域で、ドキュメンタリーを事実の記録と見なす幻想は発生する」「ドキュメンタリーが描くのは、異物（キャメラ）が関与することによって変質したメタ状況なのだ。目指せということではない。必然的にそうなる。作り手が問われるべきは、その事実に対して、どれだけ自覚的になり、主体的に仕掛けられるかだろう」（※4）と綴る森の持論は替山の考えと合致した。何より、替山が構想する大人向けのメディアリテラシー番組を制作するのにこれ以上の人材はいなかった。

この頃、テレビ制作から離れていた森は替山の熱意に根負けした。森は元々はテレビ出身だ。役者志望だったが芽が出ず、番組制作会社に就職し、そこで初めてドキュメンタリーの魅力に気づいた。フリーになってからは『NONFIX』（フジテレビ）の枠で『ミゼットプロレス伝説～小さな巨人たち～』（1992年）などのドキュメンタリー作品を手がけていく。

テレビ放送を目指して撮影した『A』が公開されてから、映像作家として華々しくテレビに〝復帰〟し、前述の『放送禁止歌』や『職業欄はエスパー』（1998年）、『1999年のよだかの星』（1999年）などを〝古巣〟の『NONFIX』で発表していったが、2000年代に入るとなかなか思うように企画も通らず、自由もきかないテレビからは遠ざかった。

しかし、森は、テレビの「客を選ばない」という特性に、大きな利点と可能性を捨てきれずにいた。

「本や映画と違い、テレビは『なんとなくそこにある』『取捨選択しなくても存在している』ことが可能なんです。モチベーション先行じゃないからこそ、本来なら触れないであろう人に見せることが平気で可能になる。この非常に面白く優れた属性をもっともっと巧

く使えればいいと思う」（森／※5）

加えて「メディアリテラシー」というテーマもオファーを受けた当時の森にとってもっとも大きな関心事のひとつだった。「メディアリテラシー」とは端的に言えば「メディアを無条件に信用するな」ということだ。ならば、それを主張する番組自体も無条件に信用して良いのか。それを表現するのに最適な方法として森が提案したのがフェイクドキュメンタリーという手法だった。

社会派・森達也の〝裏〟の顔

番組では前述の街頭インタビューの後、紙に手書きされた『森達也の「ドキュメンタリーは嘘をつく」』というタイトルが映され、会議室のシーンになる。

そこには森達也とプロデューサーの替山茂樹がいる。森はこの番組で「新しい映像作りを目指す」として、「メイキング撮影を異なる視点として作品内に織り込むドキュメント内ドキュメント」を志向する。そのメイキングを撮影するのが村上賢司《むらかみけんじ》（※6）。

森は藤原《ふじわら》ヒロシ、原一男《はらかずお》、佐藤真《さとうまこと》、緒方明《おがたあきら》といったドキュメンタリー監督やドキュメンタリーに造詣の深い文化人とドキュメンタリーというテーマで対談をしていく。森が聞き手になると、森の言葉が聞けなくなってしまうということで、対談という形式が取られた。対談の進行役として村上が専門学校で教える生徒・吉田恵子がリポーター役に起用された。

「自分のドキュメンタリーを語るときに、真実、あるいは客観的にということばを使ったことはない」（原一男）、「ドキュメンタリーはフィクション。素材はぜんぶ現実だけど、再構成した段階で作り手のある意味での物語にもなるし、もちろん批評にもなるし、現実とは違う何物かになる」（佐藤真）、「ドキュメンタリーには『現実というシナリオ』がある。真実なんて、100人いたら100通りある」（緒方明）といったドキュメンタリーやメディアリテラシーの本質にかかわる議論がされていく。

だが、一方でメイキングのカメラは、現場に遅刻をし、取材中でも時計を気にする森の姿を記録する。本編のカメラでは森は理路整然と議論を交わしているのに、メイキングのカメラではダメ男っぷりが映し出されることで、森に対する印象のズレが次第にあらわになってくるのだ。

本作の編集を担当したのは、松江哲明《まつえてつあき》（※7）。旧知の仲だった村上に声をかけられた松江は、メディアリテラシーと森達也という組み合わせ、しかもそれをテレビで放送することに強い興味を持ち参加を決めた。

松江は映画学校の学生時代から森と顔を合わせていた。1年次の担任が『A』のプロデューサーを務めた安岡卓治《やすおかたかはる》だったからだ。『A』公開時には宣伝も手伝った。硬派なイメージで語られがちな森だが、松江のイメージは違っていた。松江の脳裏に浮かぶ森の姿は、「朝まで飲んでは居酒屋の隅で寝てしまったり、女性にモテてニコニコする姿だったり、僕が必死に伝える映画の感想を『松江は青いなぁ』と笑う様子」（※8）だった。

だから松江は、本作の編集にあたり「社会派なんて言われてる『ザ・森達也』ではなく、のほほんとした素が露になる愛嬌のある森」を見せたいと考えた。

森が緒方明と対談しているときだ。森はかかってきた電話に出ると「ちょっと緊急……」と言い残し、現場を去ってしまう。そんな事態にただ苦笑いする緒方。

村上が森の行方を探すと、森は喫茶店で原稿を書いていた。

「なんでこの仕事受けたんですか？」と問い詰めると、森はこう言い放つのだ。

「ギャラ。お金！」

以降、多忙を極める森は現場を休むようになり、ついには降板を申し出る。ディレクターは村上に交代となった。

硬派なドキュメンタリーとして見ていた視聴者はこの決定的なシーンから放り出される。

一体これはどういうことなんだろう？

番組に対して不誠実な森に怒りが湧く人もいるだろう。

まだこの時点では明かされていないが、この流れには当然台本がある。つまりフェイクだ。台本を書いたのは、向井康介《むかいこうすけ》（※9）だった。

違和感の正体

ディレクターを引き継いだ村上は、「監修」の立場に退いた森にたびたび助言を求めに行きながらなんとか撮影を続ける。

エンディングとして村上はリポーターの吉田にこの番組に携わった感想を聞くインタビューをおこなった。そして村上は最後の質問を投げかける。

「あなたは吉田恵子ですか。それとも水木ゆうなですか?」

彼女は「いまはどっちをやったほうがいいですか?」と確認しつつ答えた。

「じゃあ、私の答えとしては吉田恵子であり水木ゆうなです」

彼女の傍らに「吉田恵子役　水木ゆうな」というテロップが表示される。すると村上のカメラがその横でカメラを構える森の姿を捉える。

「森さん、OKでしょうか?」

「OK!」

そして「ディレクター森役　森達也」「メイキングディレクター役　村上賢司」と

いうテロップが表示され、『森達也の「ドキュメンタリーは嘘をつく」』というタイトルとともにエンドロールが流れるのだ。

視聴者が抱いていた違和感は、進行役の吉田が実は役者が演じていた人物だったということが明かされることで、氷解していく。「やはりドキュメンタリーではなかったのか！」と頭の中で数々の疑問を反芻《はんすう》し答え合わせしていくうちに、森達也すら「本人役」で、さらにエンドロールで本当のディレクターが村上賢司なのだとわかる。だとしたら「森さん、OKでしょうか？」というセリフはなんなのか。一体どこまでが本当で、どこまでが演出なのか。一気に明かされる〝事実〟に頭がパニックになってしまう。

「どこまでが実でどこまでが虚なのか。実はやっているこちらにも、その境界はよくわからないんです。だって表現ってそもそもが嘘だから」（森／※3）

プロデューサーの替山によれば、実はこの番組を制作するにあたって、スタッフ間でも大きく意見がわかれたことがあるという。それは「番組が終わる直前まで見ている方に出来るだけフェイクだと気付かれないように作るか、それとも早い段階から沢山の『違和感』を作っていくか」（※3）だ。結果的に「違和感」を出しながら、番組が進むにしたがって「違和感」を増大させるという方法を選んだ。

そのために編集の松江は「フィクションもノンフィクションも同列に扱う」という仕掛けを入れたという（※8）。

通常のドキュメンタリーでは、何か〝事件〟が起こったとき、それをちゃんと撮れない場合が少なくない。しかし、シナリオがある本作の場合は「撮れて」しまう。だから松江は「撮れきれてしまっている」素材をあえてカットし、少し物足りない程度で次に繋げた。たとえば対談中の「先程も言いましたが」という言葉の「先程」のシーンを恣意的に外したりした。そして、なぜか森がゴルフの打ちっぱなしの練習場にいるシーン（しかも、盛大に空振りする）を入れたりすることで、あえてツッコミどころを残して違和感を生み出したのだ。

こうした手法を採ったのは、この番組はメディアリテラシーをテーマにした番組だからだ。「だますのが目的ではなく、バラすのが目的。フェイクと気付いて『ツッコミを入れる』、気付かなくても『なんだか変だと感じる』行為は、『主体的に見る』という意味でまさにメディア・リテラシーが発揮されたということ」（※3）に他ならない。

替山は本編で「メディアリテラシー」という言葉を、番組冒頭に表示される「メディアリテラシー特番」というテロップ以外で、一切使わないことにこだわった。それどころか、「主体的に読み解く」や「批判的に読み解く」といったフレーズすら禁句にしたという（※3）。もしもそのフレーズが一度でも出れば視聴者が構えて見てしまうので、真の意味で「主体的に読み解く」ことにはならないからだろう。替山は放送前、「決して、大人に説教するものではない。笑えるし、とんでもない番組。見た後に、居心地の悪さを感じてもらえれば本望」（※10）とコメントしている。

テレビは「加算」のメディア

森は「従来からテレビというのはややもするとわかりやすさ、単純明快さに行きかねないメディア」だと指摘した上で「それが加速されて」いる（※3）と警鐘を鳴らし続けている。「わかりやすさが進み、簡略化が進み、二元化が進みました。黒か白か、右か左か、善か悪か」になってしまっていると。

加えてテレビを「加算のメディア」だとも言う。たとえば、ドキュメンタリーを撮る際、リポーターにタレントを起用する。スタジオパートも作り、人気司会者やパネラーに芸人たちを加える。さらにはVTRにはクイズを加え、テロップ、SE、音楽もふんだんに使う。こうして要素をどんどん〝加算〟することで「わかりやすく」演出する。

けれど「表現の本質は減算」だと森は主張する。

「削ったほうが、見る側も前のめりになります。消された部分に対して想像力を働かせます。テレビはそれができなくなっちゃってます。想像力を機能させてくれない。与えるだけ。見る側も受容するだけ」（森／※3）

そうした状況に真っ向から〝対抗〟したのが『森達也の「ドキュメンタリーは嘘をつく」』なのだろう。

森達也は宮台真司《みやだいしんじ》との本作に関する対談の中で、宮台から「プロパガンダ的な手法を使わない番組作りはできるんだろうか」という問いに、次のように答えている。

「宮台さんはプロパガンダの意味を、今は特に政治的プロパガンダに特化させて指摘したと思うんだけれども、僕は基本的にすべての作品は、ある意味でプロパガンダだと思っています。つまり個人の思想・信条やメッセージです。映像という感情のフックが強い媒体であるテレビで、これほど日常的にプロパガンダが供給されているという状況に、本来は制作する側も視聴する側も、もう少し緊張感を持つべきだとの思いがあって、テレビでは禁じ手的なフェイクドキュメンタリーを思いつきました」（森／※5）

ジャンルとしてのドキュメンタリー枠は、各局とも減少の一途を辿っている。視聴率が獲れないわりに、制作期間も長く、制作費も高くなってしまうからだ。一方で手法としてのドキュメンタリーは、バラエティ番組を始めとするあらゆるジャンルに拡がっている。

そう、ドキュメンタリーはジャンルではなく手法だ。そしてそれはどこまでも主観的なものだ。そのことは、本作で本編カメラとメイキングカメラというふたつの視点を描くことで、詳《つまび》らかにされた。

「だからこそ僕らは見る側にリテラシーを求める。鵜《う》呑《の》みにしないでほしい。疑ってほしい。だが、それでも残る何かに僕らの真意がある。嘘をつききれない、作り手の真実を探してほしい。ドキュメンタリーを作ることと、観ることの醍醐味《だいごみ》はそこにあると思う」（松江／※8）

意外な反響

放送当日、替山、村上、松江の3人は、テレビ東京にいた。視聴者からの電話を受けるためだ。きっと苦情・抗議の電話が来るだろうと身構え、それが来た場合は謝罪をせず、意図を丁寧に説明するつもりだったという（※8）。

しかし、意外にも抗議の電話は皆無。「再放送はいつか」といった問い合わせが来るくらいで、称賛の電話も1件しかなかった。薄いリアクションに拍子抜けした。日曜の午前中の放送だ。決して視聴率も高いとは言えなかった。

だが、番組ホームページには驚くほどたくさんのメッセージが寄せられた。それは制作者の想定を超えて多様性に富んでいた。

たとえば「フェイク自体についてもタイトルだけで気付いた方から、スタッフロールで気付いた方まで。吉田が素人離れしているため気付いた方がいる一方で、吉田だけが最後までわからなかった方も。さらには、ありえない展開で気付く方がいるかと思えば、ありえない展開だから逆にリアルと感じた方……。そして、森さんの演技が不自然で気付いた方と『なんて不愉快な男だ』と思いながら見ていただいた方」（替山／※3）と様々。その見方も見る人それぞれだった。
つまりは、ドキュメンタリーに映る〝真実〟は、撮る側の主観であるのと同時に、見る側の主観でもあるのだ。そのことをフェイクが浮き彫りにした。
「今のテレビは確かに閉塞しているけれど、でも本気になれば、けっこうやりたいことはできるんですよね。今回はつくづくそれを実感しました」（※11）
替山は森にそんなことを言ったという。その替山は、「内容についてはいろいろな方面と喧嘩しました」（※3）と振り返っている。局内試写で問題になって「待った」がかかることを危惧して、試写用テープを懐《ふところ》に局内で逃げ回っていたなどというどこまで嘘か本当かわからない話まである。いずれにしても自らの保身の意識など欠片《かけら》もなかったという。
「だからね、テレビは凄く地盤沈下しているけれど、ひとりでも局内に、処罰されるかもしれないけれどやりたいって言ってくれる人が居てくれたら（略）けっこう出来ちゃうもんだとあらためて僕は感じましたね」（森／※3）
松江哲明もタイトルを『森達也の〜』でも『村上賢司の〜』でも『松江哲明の〜』でも

なく『替山茂樹の〜』にさえしても良かったのではないかとまで考えるほど（※8）、作り手はもちろん、プロデューサーの覚悟が大きいのがテレビにおけるフェイクドキュメンタリーと言えるだろう。

本作は日本民間放送連盟賞・特別表彰部門「放送と公共性」で優秀賞を受賞した。受賞理由は「蛮勇」。辞書には「理非を考えず、むやみやたらに発揮する勇気。向こう見ずの勇気」とある。まさにこの番組と、その作り手たちを形容するにふさわしい言葉だ。

一方で森は本作で、メディアもしくはドキュメンタリーは「嘘をつく気になればいくらでも嘘をつける」ということはしっかり表現できたが、「嘘をつく気がなくても嘘になる」というところまでは描ききれなかったことが「欠陥」であると厳しく自己批評している（※3）。

ちなみに様々な視聴者からの反応の中で松江がもっとも意外だったメッセージがある。

「ゴルフを練習する森さんがかわいくてキュンと来ちゃいました」

松江はそれを見て「森さんには負けた」（※8）と思ったというが、森の「のほほんとした素」を描こうと考えた松江の編集が成功したからなのか、それとも、視聴者の感受性の豊かさを示しているものなのか、その〝真実〟はわからない。

※1　テレビ広告費（地上波テレビ）は、ピークだった2000年の2兆793億円から減り続け、2009年には1兆7139億円まで落ち込む。なお、この年、ついにネットの広告収入が新聞のそれを上回った（「ITmediaビジネスオンライン」2010年2月22日、2016年6月21日より）。

※2　NHKの「国民生活時間調査」によると「1日あたりのテレビ視聴時間量」は2000年から2010年まで同水準を維持しているが、年代別に見ると、高齢者層の視聴時間が増加しているのに対して、10～30代は減り続けている。

※3　『ドキュメント・森達也の「ドキュメンタリーは嘘をつく」』（キネマ旬報社）より

※4　森達也：著『それでもドキュメンタリーは嘘をつく』（角川文庫）より

※5　『キネマ旬報』2009年5月下旬号（キネマ旬報社）より

※6　ゆうばり国際ファンタスティック映画祭オフシアター部門グランプリに輝いた『夏に生れる』などで知られる映画監督。『夏に生れる』は自身を主人公とするセルフドキュメンタリーでありながら、終盤には虚実が交錯するフェイクドキュメンタリーでもある。

※7　日本映画学校の卒業制作として制作された、自身のルーツを辿るセルフドキュメンタリー

『あんにょんキムチ』（1999年）などで注目されたドキュメンタリー監督。

※8　松江哲明：著『セルフ・ドキュメンタリー』（河出書房新社）より

※9　山下敦弘とコンビを組んだ『ばかのハコ船』（2002年）、『リアリズムの宿』（2003年）、『リンダリンダリンダ』（2005年）といった劇映画の脚本を務める一方で、同じく山下とのコンビで『不詳の人』（2004年）、『道／子宮で映画を撮る女』（2005年）などのフェイクドキュメンタリーを制作してきた。

※10　「読売新聞」2006年3月22日より

※11　『創』2006年6月号（創出版）より

ミニコラム②

セルＤＶＤブームと ナンセンス・フェイクドキュメンタリー

　ＤＶＤプレイヤーは１９９６年に発売されたが、対応ソフトの少なさもあり、普及には時間を要した。劇的な変化が訪れたのが２０００年。ＤＶＤも見られるゲーム機「プレイステーション２」が発売されたのだ。これにより一気にＤＶＤの市場が活性化する。ＶＨＳ時代はレンタルビデオの需要が高かったのに対し、ＤＶＤは1枚の価格が抑えられたこともあり、レンタルよりも販売のほうにスライドしていった。その結果、２０００年代、セルＤＶＤブームとも言える状況になった。

　同じ頃、インターネットの世界でも動画配信の技術が向上し普及していく。そんな中、「デジタルハリウッド」で３ＤＣＧを学んだ真島《ましま》理一郎《りいちろう》が、同校の卒業制作として制作した、架空の競技を描いたフェイクスポーツ中継とも言えるＣＧ作品『スキージャンプ・ペア』をブロードバンド配信サービスで公開。これが評判となり、２００３年「オフィシャルＤＶＤ」をリリースした。さらに２００６年には、スキージャンプ・ペアの歴史を描いたフェイクドキュメンタリー『スキージャンプ・ペア Ｒｏａｄ ｔｏ ＴＯＲＩＮＯ ２００６』が劇場公開された。また、真島が企画・総監督を務めたオムニバス映画『東京オンリーピック』（2008年）も公開。こちらも架空の競技を描いたナンセンスな作品だった。

その『東京オンリーピック』には、この直後に『タイムスクープハンター』をつくる中尾浩之《なかおひろゆき》も参加し「巨大相撲」を制作した。ここで「サムライコール」という競技を手がけたのが古屋雄作《ふるやゆうさく》。古屋は2000年代半ば頃からセルDVDの世界で、『夢をかなえるゾウ』などで知られる幼なじみのベストセラー作家・水野敬也《みずのけいや》と組んで『スカイフィッシュの捕まえ方』シリーズや『温厚な上司の怒らせ方』シリーズ（ともに2006年〜）などのナンセンスなフェイクHOW TO DVDともいえる作品を発表していた。

「ヨシモトファンダンゴTV」などの番組演出を担当していた古屋は、その空き時間に「趣味で」DVDの自主制作を始めた。その1本目が『スカイフィッシュの捕まえ方〜国内編』。これをデモテープのように直接営業してレコード会社での契約を果たすと独立した。シリーズ3作目には板尾創路《いつじ》が捕獲名人役として出演。「亀漁」「バズーカ漁」などをあの独特な無表情のまま大真面目に実演・解説した。2007年の『碑文谷教授のミッドナイトゼミナール 今さら人に聞けない！怒らせ方講座』でテレビに進出。深夜の10分番組ながら、薄井伸《うすいしん》一《いち》演じる東京東海大学教授・碑文谷潤のアクの強いキャラクターは強烈なインパクトを与えた。同じ『Eネ！』枠で続いて放送されたのが『ハリウッドスターになろう！』。こちらも現役ハリウッド俳優だというシュナイダー山本が演技の基礎である感情表現からハリウッドで一流となるための知られざる鉄則を教えるというシュールなフェイクＨＯＷ ＴＯモノだった。

その前年の２００７年には、65歳以上を主人公にしたフェイクドキュメンタリー集『R65』を発売した。セットをバックに、カツラをかぶってというものではない、リアルな世界観、設定、エキストラ、ロケ場所の中で、主役の人だけおかしいというフェイクドキュメンタリーを「リアルコント」と名付け、その確立を目指したものだ。ここに「うんこ川柳創始者・武蔵寛」という作品も収録されている。地元の子供たちに半ば無理やり「うんこ川柳」を教えているという内容だ。このときの撮影でエキストラの小学生たちが「うんこ川柳」をずっと言い合って遊んでいたのが記憶の片隅にずっとあった。そして10年後の２０１７年、古屋は『うんこ漢字ドリル』シリーズという大ベストセラーを生み出したのだ。

Ⅲ 「お笑い」の本懐を守るための〝フェイク〟

〜『ぜんぶウソ』（2009）／『とんぱちオードリー』（2014）

フェイクドキュメンタリーの主流である「ホラー」とは対極にある「笑い」の分野でも、フェイクドキュメンタリー的な手法が応用されている。たとえば『ぜんぶウソ』（2009年、日本テレビ）である。安島隆《あじまたかし》が企画・演出し、ブレイク間もないオードリーやサンドウィッチマンらを起用したフェイクドキュメンタリー・コントだ。

かつては自由な〝実験場〟であった深夜枠も、テレビ業界全体で制作予算の余裕がなくなっていった過程で、当然深夜枠の予算も削られていった。やがて、深夜はゴールデン・プライムタイムの予備軍でしかなくなっていき、将来的に〝昇格〟するしか生き残る道がなくなってしまった。『ぜんぶウソ』が放送された２００９年は、そんな深夜番組の停滞期の真っ只中だった。

『ぜんぶウソ』が目指したのはゴールデン昇格ではなかった。では、いったい何を目指し、安島は「フェイクドキュメンタリー・コント」という未知の領域に足を踏み出したのだろうか。

視聴者の〝誤解〟

矢口真里が楽屋に入ってくる。

テーブルの上にはレンタルビデオ店で使われているような青いケースが置かれている。そこには「ＵＳＤ」というロゴとともに「ＺＥＮＢＵ ＵＳＯ」の文字。ケースの中にはＤＶＤディスクが入っている。それを再生すると画面には次のようなタイトルが映し出される。

ドキュメンタリーシリーズ「挑戦者たち」

神と呼ばれる男～米倉徹の挑戦～

舞台は自動車整備工場。水樹奈々《みずきなな》によるナレーションで、「一部の少女から『神』と呼ばれる」男がそこにいることが伝えられる。男の名は米倉徹。30歳。

インターネット上には「神待ち掲示板」と題された泊まるところのない女の子たちが泊めてくれる人を探す掲示板が存在する。そこに泊める側として書き込んでいるのが米倉だ。

「タダで泊めている？」

取材ディレクターが尋ねると米倉は当然だと言わんばかりにうなずく。「女の子と2人きりになるわけじゃないですか？」

「まあそういうこともありますね」

「なんか下心みたいな……」

取材ディレクターが核心を突くと米倉は鼻で笑って答える。

「いやいやいや、ないですよ。ボランティア精神でやってますからね。そういう対象として見たことないなあ」

米倉は仕事を終えると、自宅の最寄駅の高円寺駅に少女を迎えに行く。米倉は香水をつけているようだ。駅で待っていたのは「まゆみ」という名前の派手な風貌の少女。ネットカフェを渡り歩き、3日間はお風呂にも入っていないという。

そんな彼女を自宅に招き入れ、お風呂も貸す米倉。彼女が風呂に入っている間に取材ディレクターはなおも米倉に尋ねる。

「スゴい可愛い子ですね」

「そうですか。そういう目線で見てないですからね」

「タイプの娘ではない？」

「ま、嫌いではないですよね」

しかし、本棚の本の下にはコンドームが隠されていた。「私の……ではないなあ」と誤魔化す米倉。

「危ない目に遭ったことは？」

今度は風呂上がりの彼女にディレクターは尋ねる。

「襲われそうになったことはありますか」とあっけらかんと答える彼女。「やっちゃうとかはありますね」

それを横目で聞いていた米倉は仄かに期待したような表情を浮かべるが「俺はそういうんじゃないから」と彼女に言う。

彼女をベッドに寝かせ、自分は床でいいという。そこに「見返りなどは求めない。無償の愛こそ『神』と呼ばれる所以《ゆえん》なのかも」というナレーションが入るのだ。

この番組の放送直後、オードリー春日俊彰《かすがとしあき》のもとに先輩芸人のアンバランス（当時）山本栄治《やまもとえいじ》から電話がかかってきたという（※1）。

「いま、テレビ見てたんやけど、日本テレビにお前にすげえ似てるヤツ出てたぞ」

それはそうだ。米倉を演じていたのは春日本人なのだから。「若林そっくりの人が出ていた農業のドキュメンタリーを見たんですけど、あれがやらせだというのは視聴者にもわかります。バカにしないでください」といった投書も来たことがあった（※1）。

この番組は2009年10月から始まった『ぜんぶウソ』（日本テレビ）だ。オードリー、サンドウィッチマン、鳥居みゆきらをメインキャストにした「フェイクドキュメンタリー・コント」と銘打った番組だった。当時、オードリーは前年末の『M－1グランプリ』（テレビ朝日・朝日放送）で敗者復活の末、準優勝し大ブレイク。アイドル的な人気を誇っていた。あらゆるテレビ番組に引っ張りだこ。一方で、当時は特にピンクベストを着た七・三分けの〝怪人春日〟のキャラを求められていて、「春日」のキャラ以外でテレビ出演することはなかった時期だ。だから、ピンクベストではない衣装で髪を下ろした春日がテレビに出ることはほぼない。春日ではなく、春日に似た人と誤認しても無理はなかった。しかも、山本は番組冒頭の矢口真里がＤＶＤを手にする、いわばネタバラシ場面を見逃しており、本当のドキュメンタリーと思ってしまったのだ。映っていたのは自分だと春日が説明すると山本は困惑して言った。

「どういうことなの？」

深夜バラエティの苦境

番組を企画・演出したのは安島隆。オードリーや南海キャンディーズらからの信頼が篤く『潜在異色《せんざいいしき》』（2010年）（※2）や『たりないふたり』（2012年〜）（※3）などを手がけたことで知られるディレクター・プロデューサーだ。

『潜在異色』が放送された深夜枠の前クールに制作されたのが『ぜんぶウソ』だったのだ。DVD化を前提に1クール（3か月）ごとに新たにコンテンツを出していく方針で始まった枠だという（※4）。『ぜんぶウソ』はその第1作だった。DVD化というマネタイズを最初から求められているところに当時から現在まで続く深夜枠の実情があらわれている。

かつて深夜番組はテレビの中の〝解放区〟などとも言われ、若手制作者や出演者の育成・実験の場として自由で多様で挑戦的な番組が数多く作られてきた。しかし、テレビ業界全体に余裕がなくなっていく中で、特に2010年代は、個性的な深夜番組が生まれにくい状況に陥っていた。

たとえば、2007年（第1期は2005年）から2024年現在に至るまで15年以上継続し、昨今の深夜番組としては稀有《けう》な長寿番組となった『ゴッドタン』（テレビ東京）を手掛ける佐久間宣行《さくまのぶゆき》は深夜番組について次のように語っている。

「地上波の深夜番組が生き残っていける方法は3パターンくらいしかないと思うんです。

ひとつは視聴率を獲って、ゴールデンタイムなどに上がっていく。深夜番組ってスポンサーがあまりつかないから、局にとって、深夜番組はやればやるほど赤字。オンエア自体がほぼ投資なんですね。ふたつ目は、お金を生む。あとは、大物ＭＣの息抜き番組（笑）。このうちのどれかを実現させてないと、ちょっとおもしろいって言われても1年以上は続かないんですよ」（※5）

『ゴッドタン』の場合、番組初期に生まれた名企画「キス我慢選手権」のＤＶＤが売れたことで「もう1年様子を見よう」という空気が社内に生まれたのが大きかったと佐久間は言う。現在の深夜番組は戦略的に作らないと生き残ることはできない。

こうした状況の中でコント番組はさらに作りにくくなっていった。ゴールデンタイムでは〝最後の砦〟だった『笑う犬』シリーズ（フジテレビ）が２００３年にレギュラー放送を終了。コント番組としてスタートした『はねるのトびら』（２００1〜12年）もコントはほとんど作られなくなり、クイズや情報バラエティ全盛になっていく。民放のゴールデン・プライムタイムにコント番組はほぼ姿を消した。コントは作るのに時間と労力がかかる上、舞台セットを組めばお金がかかる。だが、その手間暇やお金の割には視聴率が獲りにくい。その結果、コント番組に挑戦したい芸人や制作者が少なくないにもかかわらず、コント番組が作られることは滅多になくなった。

コントを作るためのフェイクドキュメンタリー

安島もまたコント番組を作りたいと常に模索していた制作者のひとりだ。そんな安島がこの時代のコントの作り方として選んだのが「フェイクドキュメンタリー・コント」という形式だったのだ。フェイクドキュメンタリーはリアリティが求められるため、セットを使わずロケで撮影することになる。そうすると必然的にセットにかかる予算は削減できる。同様に細かなセリフは決めずに半ば即興で会話をすることになるので、台本を作る時間の短縮にもなる。

「フェイクドキュメンタリー」と「コント」の掛け合わせは目新しく、初回の視聴率は当時の深夜番組としては驚異的な5・3％を記録した。それは初回だけにとどまらず、富澤たけし扮する「五十嵐哲夫」がツンデレカフェ開店を目指す「新アキバ系ビジネス～五十嵐哲夫の挑戦」も5・2％を記録した。

発想のスタートは、芸人の単独ライブ中に上映される幕間《まくあい》映像だったという。お笑いライブでは舞台上で披露するコントや漫才の間に幕間映像と呼ばれるVTRが流れることがある。これは次のコントの準備や演者の休憩、あるいは観客の息抜きや飽きさせないことを目的としており、軽いゲーム企画から映像作品と呼べるぐらい作り込んだものまで様々だ。この幕間映像でライブの世界観を作り込む場合もある。そこで時折見られるのがフェイクドキュメンタリーだ。たとえば、芸人の私生活に密着するという体裁の映像だが、次第に常軌を逸した行動を取り始める。こうしたフェイクは狂気性を孕《はら》む芸人にとって相性がいい。

しかしながら前述の通り、この頃の深夜枠ではこうした挑戦的な企画は簡単にはやれない。この企画が通ったのは「メンバーがよかったから」ではないかと安島は振り返る（※6）。メンバーはオードリー、サンドウィッチマン、鳥居みゆきといった当時若手芸人としてもっとも勢いのある座組。安島は「いまやるべき人」を意識してキャスティングしたという。確かにオードリーとサンドウィッチマンは、それぞれ2008年とその前年の

2007年の『M−1』での活躍で大ブレイクを果たし、数多くの番組に出演していた。だが、どちらも大半がゲスト出演（オードリーが『オールナイトニッポン』（ニッポン放送）のパーソナリティや『笑っていいとも！』（フジテレビ）のレギュラーになるのは『ぜんぶウソ』放送開始直後だ）。

いわば彼らの〝本性〟がまだ知られていない時期だった。鳥居みゆきも2007〜08年頃に「ヒットエンドラ〜ン」のネタなどでブレイクを果たすも、その掴みどころのないキャラクターでその人となりは謎に包まれていた。そして、彼らはいずれも『潜在異色』に参加していたことからもわかる通り、自分のやりたいお笑いとテレビで求められるものにギャップを感じていた。そんな彼らのモヤモヤと葛藤を感じ取った安島は、それを反映させる手段としてフェイクドキュメンタリーを選んだのだ。

お笑い芸人にとっての〝本懐〟とも言えるコントがテレビではやりにくくなった時代、それを守ろうとした結果、生まれたのがフェイクドキュメンタリー・コント『ぜんぶウソ』だったのだろう。

ツボを視聴者が見つけていく笑い

フェイクドキュメンタリー・コントの作り方は独特だ。撮影中には出演者には「お願いだから面白いことを言わないでください」と言われるという（※1）。「ちょっとコントっぽい」ことでリアリティに欠けるという理由で撮り直しになった。カットの声がかかった瞬間に全員でゲラゲラ笑い出すということも少なくなかった（※7）。

取材ディレクターとの受け答えはほぼ即興で撮影された。マストの質問がひとつあり、その答えは決まっているが、その後のやりとりは基本アドリブでおこなわれる。だから質問の後、1分ほど平気で間が空くときもあったという。若林は撮影中少し焦ったそうだが、ディレクターからは「大喜利にならないで」と念を押されていたと振り返っている。

「漫才師的にはめちゃくちゃ気持ちの悪い『間』で、返事をしなくちゃいけない。この『間』を自然だと思えるようになるまで、ちょっと時間はかかりました。何か、変な現場なんですよ。大喜利っぽい答えを出しちゃいけないんで、わざとボール一個分をはずして答えるんです」（※8）

出演者が答えてもスタッフは必死で笑いをこらえて無反応でいるから、「スベっている」のではないかと怖くなってしまうときもあるという。あくまでもリアル・ドキュメンタリーに見える空気の中で笑いを成立させなければならないという芸人にとっては難題に挑むこととなった。

「オチがないから、どう笑っていいかわからない！」

オードリーのラジオ番組にはリスナーからそんな戸惑いのメールも届いたという。オードリー、サンドウィッチマン、鳥居みゆきというメンバーゆえ、ストレートに笑えるコント番組を期待していたのだろう。若林はこの番組の面白がり方について次のように分析している。

「普通のドキュメンタリーなどで、大家族の父親の着ているシャツのプリント柄がすげぇ笑えるのに、誰もつっこまないでそのまま(い)っちゃう感じがあるでしょ。あれに近いんじゃないですか。発信する側は、笑わそうとしてないのに、見ているほうが細かいところに勝手に引っかかって面白がるという。（略）またテロップなどで、ここが笑えるポイントですと示していないのも、いいんでしょうね。視聴者が笑いのツボを、自分で見つけていけるから。ある意味で、いまのバラエティの本流に逆行しているかも知れない」（※8）

お笑いは本来広いものだ。しかし、お笑い芸人が、特にバラエティ番組で表現する笑いの種類は思いの外限られてしまう。そこからこぼれた種類の笑いを『ぜんぶウソ』では生み出していた。どこか違和感が漂う空気の中で、わかりやすい笑いどころや答えが示されることはない。だから視聴者はそれを見つけるために主体的に見るようになる。

「人」が乗った番組

この番組のもうひとつの大きな特徴は、芸人たちが「どこかにいそうでいない人」を演じることだ。

富澤が自身の役柄について「根底にある変態な部分が引き出されたんですかね」（※7）と笑うように、各人のコアな部分を引き出している。安島はライブ版「潜在異色」をはじめこの3組と共に仕事をしているから、彼らの人間性も熟知している。だからこそ、その人ならではのキャラクターを演じさせることができた。

若林は、プライドは高いも傷つきやすい役や、気弱さがゆえに好戦的な態度を取る人物を演じた。春日が演じる役は、下心がないように装ったり強がったりしているが、その変態性がにじみ出てしまっている。春日はスタッフからは「メディアに出ているオードリーの春日にならないで」と言われたことを証言している（※8）。すなわち、〝キャラ化した春日〟ではなく、より〝素の春日〟に近い人物でいることを求められたのだ。「神と呼ばれる男〜米倉徹の挑戦〜」は、ひとりの少女を泊めた後、思わぬ方向に話が展開されていく。

米倉が仕事を終え帰宅するとまゆみの友人サユリが合流。数日が経つと少女たちは米倉の家を我が家のように占拠し、米倉はキッチンに追いやられている。さらには彼氏たちも連れ込むのだ。

「まゆみちゃんを守ってくれる存在が私以外にもいたことに安心しました」と動揺を押し殺して強がる米倉。

サユリから飲み物を買ってくるように命じられると、さすがに悪いと思ったのかまゆみもついてくる。

「ああいう連中と付き合うのはやめたほうがいいと思うんだよね」

そう米倉が諭すと「逆らったりとかすると、殴られたりとか……」と涙ぐむまゆみ。

「怖いんだったら俺の名前出してくれて全然いいし。俺も昔、ヤンチャしてたからさ。俺が守るし」

そう言いながら肩を抱き寄せるのだ。

しかし、まゆみに遅れて家に帰った米倉はまゆみの彼氏に「座れ」と命じられる。

「全部聞いたんだけどさ、守っちゃうの？　守っちゃうんだって？」

「いや、おっしゃってる意味が……」

誤魔化しながらまゆみに助けを求める目線を向けると彼女は冷たく言い放つ。

「なんか『守ってやる』とか言われて、マジ気持ち悪いんだけど。昔悪かったらしいよ」

「守るとは言ってない。守りたいとは言ったけど……」

結局、米倉は家を彼らに明け渡し、公園で生活するようになってしまうのだ。

そこにナレーションが添えられる。

「米倉さんはきっとこう言うでしょう。愛とは自己犠牲であると」

彼女たちの横暴に困惑した米倉の情けない表情は、当時のメディアでは見せたことのなかった顔だ。しかし「あれはまさしく、春日の顔ですね。『いい思いをするはずだったのに、なんでこんなことになっちゃったんだ?』という」（※8）と春日自身も語っている。いわば「素の自分」に近いキャラクターなのだ。だからナチュラルに演じることができたという。

よく漫才師は、「人《ニン》」（仁）が乗った漫才ができると売れると言われる。「人」とは元々は歌舞伎や落語などで使われる用語だが、近年お笑いの世界で言われる場合、「お笑いに落とし込んだ芸人の〝人間性〟」といった意味合いで使われる。つまり、その人の本質に合致したネタをやれば、自ずとネタに体重が乗り、自然と大きな笑いが生まれるということだ。

『ぜんぶウソ』は、まさに「人」が乗った笑いだった。設定はフェイク。だが、そのフェイクで作られたものにリアリティがあり「人」がにじみ出ているから笑ってしまう。つまり『ぜんぶウソ』は「人」が乗った番組だったのだ。

オードリーの青春感

オードリーと言えば、2014年10月13日に放送された『とんぱちオードリー』（フジテレビ）もインパクトを残した。総合演出はシオプロの水口健司《みずぐちけんじ》。オードリーとは盟友的存在で、特に春日とは公私共に仲が良い。この少し前の2012年頃から情報系番組のMCを任されることが多くなってきたオードリーにとって念願とも言える地上波キー局での「お笑い」を前面に押し出した冠番組だ。

そのメイン企画が「世界一甘ずっぱいお笑い」だった。「青春真っ只中にいる若者の恋を笑いの力で応援」するという『天才・たけしの元気が出るテレビ!!』（1985〜1996年、日本テレビ）の「勇気を出して初めての告白」などから脈々と続く青春恋愛企画だ。

〝依頼者〟は中学2年の「DN」こと山岸くん。素朴な少年だ。気になっている子を笑わせようとしていたら逆に怒らせてしまったという。彼が「気になっている」のは松浦莉子ちゃん。「気になっている」だけで「好き」ではないと頑なに言うDN。彼は同級生の相方・板東と「危険地帯段ボール」というコンビを組んでいて、ネタを練習している際、周囲の人に「うるさい」と言われ口論になり、ペットボトルを倒してしまった。こぼれた飲み物が莉子ちゃんの服にかかり、泣かせてしまったという。

莉子ちゃんとの共通の友人の「ミスター」と呼ばれている女子なども登場しつつ、オードリーがショートコント「ボディビル視力検査」を伝授し、莉子ちゃんを笑わせようと奮闘する。通っている塾の授業前にネタをするも緊張で声が出ていない彼らのネタは届かず。

「無様な格好見られたからってここで終わるわけじゃない」

若林が励まし再挑戦するも莉子ちゃんが笑うことはなかった。

そして、授業が終わると、莉子ちゃんを呼び出し「1対1」で対面することに。

「待って」と呼び止めると「何?」と立ち止まる莉子ちゃん。

ここで定点カメラからカメラワークがドラマのようなカット割りに変わる。

「この前はごめん。あんなことするつもりじゃなかった。俺さ、松浦さんのこと好きなんだ」

その真っ直ぐな言葉を聞いて莉子ちゃんは笑顔を見せるのだ。カメラは上空へと上がっていき美しい2人の姿を捉え、そこにナレーションが入る。

「笑わせようとしてどんなに考えたネタをやっても笑わなかった莉子ちゃんが、『好きだ』の一言で笑顔を見せた。どんな天才が作った笑いより、青春時代の恋心、それが世界で一番甘ずっぱい笑顔であり、世界で一番甘ずっぱいお笑いなのかも知れない」

そして画面には、最後のセリフが書かれた台本が映る。ページがめくられると「脚本　オードリー」の文字。さらに「この物語はフィクションです。」というテロップが入るのだ。

『ぜんぶウソ』の場合、ドキュメンタリー形式といえども別人を演じているから、ちゃんと最初から見れば、フェイクであることは自明だった。しかし、この「世界一甘ずっぱいお笑い」は、オードリーが「オードリー」本人役として出演している。しかも、当時のオードリーには青春感の漂う企画がよく似合っていたから、ほとんどの視聴者は最後のシーンまでフェイクとは気づかなかった。放送直後、ＳＮＳでも騒然となっていた。

青春恋愛ドキュメンタリーというよくできたフォーマットを完璧に踏襲することで、史上稀に見るほど視聴者を騙しきった唯一無二のフェイクドキュメンタリー・コントを作り上げたのだ。

※１　ニッポン放送『オードリーのオールナイトニッポン』２００９年11月28日より

※２　元々は、ライブとして始まった。安島隆が手がけたコントを中心としたバラエティ番組『落下女《らっかおんな》』に出演していた山里亮太や田中卓志が実力はありながらも、テレビではくすぶってしまっていることから、自分の笑いを自由に発信してほしいというコンセプト。途中からオードリーも加わった。

※３　『潜在異色』から生まれた山里亮太と若林正恭によるユニットの番組。この関係性を下敷きにし、山里亮太と若林正恭の半生をドラマ化した河野英裕《かわのひでひろ》プロデュースの『だが、情熱はある』（いずれも日本テレビ）も作られることになる。このドラマに登場する薬師丸ひ

ろ子演じる「島」プロデューサーは安島がモデルだ。もちろんドラマ化に際し、安島から山里、若林に打診するなど重要なサポートもおこなった。

※4『日経エンタテインメント!』2010年4月号（日経BP）より
※5「ヤフーニュース個人」2017年2月25日より
※6『ピクトアップ』2010年4月号（ピクトアップ）より
※7『お笑いポポロ』2010年2月号（麻布台出版社）より
※8『Quick Japan』Vol.87（太田出版）より

ミニコラム③

芸人たちのフェイクドキュメンタリー

『放送禁止』を「愛してやまない作品」として挙げ、「生涯ベスト」「棺桶に入れてほしい」と評す（※『有田脳』23年8月24日）のが有田哲平だ。作品を広めるため未見の人を集めた鑑賞会も何十回も開催したという。2017年の「ワケあり人情食堂」ではナビゲーターも担い、長江俊和が監修する『放送禁止』的なギミックを使ったクイズ番組『世界で一番怖い答え』（2019年～、フジテレビ）ではMCを務めている。

そんな有田は2008年、セルDVD『特典映像』を企画・演出している。冒頭「※事情により特典映像からご覧ください。」というテロップが表示され、『左曲がりの甲虫』という映画を初監督することになった有田のインタビュー映像が流れ始める。つまりは映画のメイキング映像というテイのフェイクドキュメンタリーである。出演交渉やロケハン、子役オーディションなどの過程でトラブルが続出していく。こうしたセルDVD発売の背景にはミニコラム②で触れたブームがあり、バラエティ番組やライブのDVD化だけでなく、こうした企画系のDVD発売も増えていった。

　その先鞭をつけたひとりがマッコイ斉藤《さいとう》

だろう。マッコイは2004年、極楽とんぼを起用し、いまも伝説的名作として語り継がれるDVD『極楽とんぼのテレビ不適合者』を発売。「本来はテレビで放映されるはずが、その過激さに民放では流せなかった」という触れ込みで、その下巻では極楽とんぼの2人が、もうすぐ廃校になる日本一の不良高校に赴く。お笑いフェイクドキュメンタリーというジャンルを切り開いた金字塔的作品だ。マッコイは同じ年『おぎやはぎの110番』も制作。さらに2007年には『実録!?ドキュメント　その時…上島が動いた』、2008年には『我々は有吉を訴える』と次々とお笑いフェイクドキュメンタリー作品を発表してい

った。『我々は有吉を訴える』は、東北横断ヒッチハイクを描いたもの。当初は、当時の有吉の毒舌キャラをいかし、現地の人を騙したり、トラブルを起こし、傍若無人に振る舞う様を描くことを目論んでいたが、それよりも有吉とマッコイがケンカをし続けたほうが面白いと現場で気づき、その模様を中心に撮ることに変更した。

『天才・たけしの元気が出るテレビ!!』のADとしてキャリアをスタートしたマッコイは『極楽とんぼのとび蹴り』シリーズ(1999年〜、テレビ朝日)で才能を開花させる。ロケコントが中心の同番組でドキュメント風の演出を確立。その手法を進化させ、一連のフェイクドキュメンタリー

作品を演出したのだ（ちなみにミニコラム②であげた古屋はAD時代、マッコイの元で鍛えられた）。

松本人志は初の長編映画監督作品『大日本人』（2007年）にフェイクドキュメンタリー的手法を選んでいる。松本が演じる、巨大化して巨大生物「獣」を退治するヒーロー「大佐藤大」の苦悩をテレビ局の密着取材というテイで可笑しみと哀しみたっぷりに描いた奇作だ。

ロケバラエティがフェイクドキュメンタリーに近いことからも、やはり芸人とフェイクドキュメンタリーの相性は抜群だ。ベテラン演歌歌手・水谷千重子に扮する友近や、様々な人物が実在するかのように演じる「クリエイターズ・ファイル」のロバート・秋山竜次のような〝憑依芸〟も、その存在自体がフェイクドキュメンタリー的と言えるだろう。水谷千重子はコントの世界にとどまらず、一度も友近に降りることなく番組に出演したりコンサートを開催したりもしている。

そして前述の有田は、「報道番組」という体裁で『全力！脱力タイムズ』（2015年〜、フジテレビ）を開始。演者としてだけでなく、「総合演出」の肩書で番組制作の内部まで深く関わり、多種多様なフェイク的な仕掛けで笑いを生み出している。

Ⅳ ドラマのリアリティラインを上げる〝フェイク〟

〜『タイムスクープハンター』（2008、2009〜2014）

2000年代後半に入ると、NHKでは「『NHKらしくない』NHKらしい番組」が多く制作されるようになっていった。それはNHKを見ない若い世代の視聴者が増えている、その危機感から来るものだった。

積極的に外部の制作者を入れ、これまでの「堅い」「古い」イメージを変えようと模索していた。その成功例の代表格が、2006年から始まった『サラリーマンNEO』と2009年からレギュラー化された『タイムスクープハンター』だろう。

前者は、民放ではコント番組の制作が難しい中で、それらを数多く手がけた構成作家・

内村宏幸《うちむらひろゆき》らを招聘《しょうへい》しノウハウを学び、俳優を起用してコント番組を制作した。

後者は「ドキュメンタリー・ドラマ演出、歴史教養番組」と銘打たれたフェイクドキュメンタリー・コンテンツだ。ファンタジー寄りだった時代劇のリアリティレベルをフェイク演出によってリアル寄りに刷新したこの番組は、〝新しくなったＮＨＫ〟を象徴する起爆剤だったとも言えるだろう。２０１３年には『劇場版 タイムスクープハンター 安土城最後の1日』として映画化もされ、２０１４年のシーズン6まで約80作が制作される長期シリーズとなった。日本のテレビにおいておそらくもっとも多くの作品が制作されたフェイクドキュメンタリーシリーズに他ならない。いったいなぜ、『タイムスクープハンター』のような〝奇妙なコンテンツ〟がＮＨＫに生まれたのだろうか。

この番組を企画し、すべての回の脚本・演出を担当したのは中尾浩之《なかおひろゆき》。自らが〝開発〟した「ライブメーション」と呼ばれる手法を使った『スチーム係長』（※１）で注目を浴びて「ピクス（P.I.C.S.）」に入社した映像作家だ。ピクスのプロデューサーの平賀《ひらが》大介《だいすけ》（現・代表取締役社長）が、ＮＨＫの「番組たまご」なる企画募集を見つけてきたことが始まりだった。

「中尾さん、なんかないですか？」

「あるよ」

即答だった。中尾には学生時代から温めていた企画があったのだ。それが『タイムスクープハンター』だった。


奇妙なゴーグルをつけたハンサムな男がカメラを覗き込む。

そのカメラに向かって「ケガなし。ウイルス反応なし」と確認しながら、腕時計を確認する。

「西暦変換しますと1693年6月28日、午前6時18分。無事タイムワープ成功しました。コード200458。ここから記録を開始します」

男の名は沢嶋雄一（要潤）。「タイムスクープ社」から派遣されたジャーナリスト。あらゆる時代にタイムワープしながら時空を超えて〝名もなき人々〟を記録していく「タイムスクープハンター」である。

このとき、沢嶋が訪れたのは加賀藩（現在の石川県）。取材対象者は飛脚たちだ。

「当時の人々にとって私は時空を超えた存在になります。彼らにとって私は宇宙人のような存在です。彼らに接触する際には細心の注意が必要です。必要以上にこの時代の人物に踏み込んではいけません。なぜなら私自身の介在がこの歴史を変えることもあり得るからです。彼らにカメラを向けられるようになるまでは、〝特殊な交渉術〟が必要となります。その交渉方法に関しては極秘事項のためお見せすることができません。ですが今回も無事仲間として受け入れられたようです」

加賀藩の飛脚には年に一度、夏にやらなければならない特別な仕事があった。それが江戸の徳川将軍家に「お氷様」と呼ばれる献上氷を届ける任務だ。当時、氷はとても貴重なもので、献上氷の運搬は１６００年代初頭から始まり、幕末まで続けられたという。当時の加賀藩にとって、将軍家への忠誠を示す重要な儀式でもあった。

飛脚たちは切り出した氷をすぐにむしろで覆う。さらに白い布で巻いて板を二重にした桐の長持ちに入れ、隙間に熊笹を詰めていく。そんな氷が解けることを最小限にする工夫まで沢嶋のカメラは捉えていく。

普通の旅なら10日ほどかかる約500キロの道のりを、極秘の険しい抜け道を使い4～5日で走り抜ける。氷60キロと長持ち40キロで総重量100キロにも及ぶ荷物を4人の担ぎ手が交代しながら、昼夜を徹して運ぶ。体力消費を通常の半分近くに抑えられる「フィジカルバージョンアップシステム」を使用しても沢嶋の息は絶え絶え。しかし、飛脚たちは弱音を吐かない。

「間に合わなきゃ加賀飛脚の名折れなんだ」

お氷様運搬を担う飛脚は「前組」と「後組」の2組が用意され、中間地点で交代する仕組み。ようやく中間地点の宿に到着するも思わぬ事態に。後組のひとりが直前に足をくじき走れなくなってしまったという。さらにもうひとりも博打で大損をして、やけを起こして泥酔してしまっている。その代わりに急遽、「前組」の「頭」である四郎と、新人の一太が代役となって後半も走ることになった。

ジャーナリストの沢嶋は当初からドキュメンタリーの定石とも言える、ベテランと新人の2人に焦点を当てて対比させていた。2人それぞれの飛脚としてのプライドが沢嶋のカメラを通してリアルに伝わってくる。

予定より遅れが生じ、さらに険しい道を選ぶ一行。そんな道中で、突如男の遺体を見かける。画面上はその遺体にモザイクがかかっており、凄惨な殺され方をしたのが想像できる。

そして、「献上氷運搬史上最悪」という事件が起こるのだ——。

湾岸戦争と黒澤映画

『タイムスクープハンター』の着想のきっかけは、中尾が大学時代の1990年に勃発した湾岸戦争だったという。この頃、ビデオジャーナリストが台頭してきて、小型のカメラを持って戦場に潜入し、その映像が即座に届けられた。そのリアルな映像に衝撃を受けた。

中尾は中学1年生のときに映画『椿三十郎』と『用心棒』を二本立てで観て、黒澤明監督が描く世界、テレビ時代劇とはまったく違うリアリティとエンターテインメント性あふれる作品に魅了された。大学2年のときには、黒澤明の作家論を学び、ますます惹かれていった中尾は、様式的な時代劇に懐疑的になっていた。合戦になると殺し合いのはずなのに途端にファンタジーになってしまうからだ。

さらに中尾は、幼少期の頃からタイムスリップものが大好きだった。

「最初に出会ったのは『タイム・マシン 80万年後の世界へ』という映画。幼稚園の頃に観て、あまりの興奮で次の日に段ボールでタイムマシンを作っていました（笑）。それで小学5年の頃に『戦国自衛隊』が来る。予告編を観ただけでクラス中が大興奮（笑）。次の日から公園で『戦国自衛隊』ごっこが始まりました。自転車を馬に見立てて。サウンドトラックもカセットテープで買って、それこそ擦り切れるまで聴きました。

とどめは『時をかける少女』ですよ！　原田知世さんはテレビ版『セーラー服と機関銃』の主演もされていて、そのときにもうファンだったんです。その原田さんが主演だから楽しみに観に行ったらまた衝撃を受けました。それでお腹いっぱいの大学生の頃に『バック・トゥ・ザ・フューチャー』が来るわけです。だからずっと好きでしたね」（中尾）

その3つが合わさったときに、タイムワープしたビデオジャーナリストが過去の出来事を密着取材するというフェイクドキュメンタリーの構想が生まれたのだ。この手法なら「これまでの時代劇のアンチテーゼになるようなリアルなものが撮れるんじゃないか」と考えた。物語の主役になるのは、「歴史上の人物」ではなく「名もなき人々」だ。

「僕、歴史の授業があまり得意じゃなくて。眠くなっちゃうじゃないですか（笑）。でも教科書で合戦の絵とかを見て、端っこに描かれている足軽とかにも、その人の人生があると思ったんですよ。この人は朝どうやってここに来て、どういう飯を食ったのか。家族もいるはずだ。そう思うとドラマが見えてくる」（中尾）

当初は「謎のジャーナリストがタイムスリップしてビデオを撮った映像が見つかった」というファウンド・フッテージ形式の企画だったが、レギュラー化を見据えて「タイムスクープ社」という会社（NHKの地下にある部署という裏設定案もあったという）がタイムワープして取材を敢行するという設定に変えた。企画募集に応募した提案がNHKのプロデューサー下田大樹《しもだたいじゅ》の目に止まり、「斬新で面白そうだ」とヒアリングを受けた。その後、ピクスの中尾浩之と平賀大介が共に番組を開発。そして2008年9月13日に加賀藩の大名飛脚を描いた「お氷様はかくして運ばれた」が放送された。

「本当は従軍記者のように合戦を撮るというのがやりたかったんですけど、予算的にも難しい。『お氷様』の話は大学時代に雑誌か何かで読んで、『これ絶対映画になるじゃん』って思ったんですよ。それが頭の片隅にあったんでこの企画でやるのも面白いかなと。『そ

したら見たことがない映像だ』みたいに話題になってレギュラー化が決まりました」（中尾）

既存の時代劇からの脱却

多くのドキュメンタリーがそうであるように、『タイムスクープハンター』も音声や照明のスタッフを使わないスタイルで撮影された。暗いときはろうそくを使えばいい。声が聞き取れなければ聞き返せばいい。作り込まれた音や光ではなく、ありのままの音や光の細部にリアリティが生まれるからだ。リハーサルも危険なシーンを除いておこなわなかった。

「一応台本はあるんですけど、役者さんたちには崩していいと伝えていました。言葉が詰まったりとか、別の役者さんと話すタイミングがかぶったり、変な間があいたり、そういうのが欲しかったから、リハーサルをやっちゃうとやっぱりみんなプロだから癖で計算しちゃうんですよね。カメラがここにあるから、体を開こうとか。『むしろ、カメラを意識しないでください、ぶつかっちゃってもいいです』と。だからドラマ的にうまくいっちゃ

うとNG（笑）。きれいなカメラワークできれいな芝居になっちゃうとフェイクドキュメンタリーにならないですから」（中尾）

通常の演技とは異なる能力が求められる。しかも、さらなるリアリティを追求するべく、役者に髪の毛を実際に剃って髷《まげ》を結うことまで求めた。女性ならば眉を落として墨で棒眉を描き、お歯黒までしている。

「最初、『髪の毛を剃る条件だったら来ませんよ』って言われていたんですけど、募集してみたら結構来ましたね。日本にこんなに俳優いるんだっていうくらい。ただやっぱり演技経験の豊富な方は時代劇の『〜ござる』みたいな様式をなかなか壊せなかったり、逆に演技経験がない方だと、ただの棒読みだったり、素人さんが演技をしているみたいな感じになっちゃう。演技をしていない状態のような雰囲気を演出するのは難しかったですね」（中尾）

衣装も、時代劇を手がけるスタッフではなく、ファッション業界からスタイリストのＢａｂｙｍｉｘ《ベイビーミックス》（※2）を起用した。

「僕らが目指したのは『実際はこうでした』というのを追求することなんで、既存の時代劇様式の衣装ではなかったんです。ただし再現するだけじゃなくて、そこにクリエイティブの要素がないと嫌だった。文献や古い写真を見ると、着物も普段着だから着崩したりしている。そういった点をリアルに再現すると同時に、各話のトーンやキャラクターに合わせた個性も表現していきたいなと考えました」（中尾）

リアリティを追求していく中で悩ましい問題となったのが言葉遣いだ。可能な限り当時の言葉遣いにするという選択肢もあったが、そうするとアドリブが難しくなり、ドキュメンタリー的なリアリティが損なわれてしまう。「まず脚本上のセリフを一旦忘れてください」と指示してアドリブ重視で撮影していた結果、大きな失敗もあったという。

「弓矢を教えるシーンがあったんですけど、コーチの役の人がアドリブで教えるというシーンで『こういうイメージでやってください』と言っていたんです。『イメージ』という当時ではありえない単語に編集した段階でも気づかなくて。実は、実際に一度そのままオンエアしてしまったんです。それで放送した後にわかって再放送では編集で消したんですけど、時代劇のフェイクドキュメンタリーは難しいなと痛感しました」（中尾）

『タイムスクープハンター』を見て特に感じるのは弓矢の怖さだ。合戦の中で、矢が襲ってくる光景はあまりに生々しく恐ろしい。

「時代劇で刀で斬り合っても基本的にはファンタジーじゃないですか。黒澤明の映画で血がバーッと出たり、手が切り落とされたりっていうのがあってリアルだなっていうのはありましたけど。で、刀で斬るというアクションをフェイクドキュメンタリーでやるとなると、かなりエグい描写になってしまうんですよね。でも弓矢だとリアルに描けるかなと思って、新しい表現としてチャレンジしました。

あと石ですね。合戦は弓以上に石が使われていたという史料も見つかって。それを読んだときにたしかにそうだなと思いましたし、他のドラマでは見たことがないじゃないですか。だから絶対に石の描写はやりたいなと。視聴者の皆様にも痛みがリアルに伝わるんじゃないかって思いました。ドキュメンタリーの手法を逆手に取ってあえて死体にモザイクをかけたりもしましたね。そうすると見ている人が想像力を働かせてくれるので」(中尾)

画面にほとんど登場しない主人公

主演を務めたのは要潤。中尾は2005年に手がけた短編作品『THE SECRET

ＳＨＯＷ』で要を起用し意気投合。時空ジャーナリスト役には時代劇とは程遠い風貌が必要だと考え、スラッとした長身で整った顔立ちの要をすぐに思い浮かべた。要本人からの了承を得て応募する企画書にも、キャスト案に要の名前を載せたほど他には適任が見当たらなかった。

しかしこの番組が特異なのは、主演であるはずの要潤が画面に映っている時間が極めて少ない点だ。なにしろ、主人公の沢嶋自身がカメラを回しているという設定だからだ。しかし、画面に映らなくても沢嶋の存在感は絶大なのだ。もちろん常に、彼の声が聞こえてくるのもその一因だが、それだけでは説明がつかない存在感がある。

実は、要は沢嶋として撮影カメラの脇にピッタリと張り付いて撮影しているのだ。声の出演だけならば、映像に後から声を吹き込めばいい。しかし、それでは彼の絶大な存在感は生まれることはない。

「要君がいつもカメラサイドにいることにビックリした。映っても映らなくても、常にそこで〝自分の目線〟を確認している。改めてすごい役者だと思った」（※３）

と、劇場版にゲスト出演した時任三郎も語っている。

要自身も当初は「戸惑いました。すごく面白いとは思ったけど、どうやって撮るんだろう」（※4）と困惑したが、自身の「ライフワークのひとつ」になったと語るほど、面白い作品に携わることへの喜びのほうが大きかった。

「ハプニングを撮ろうとしているので僕がそこに（常に）いないと成立しない」（※5）

そうしてカメラに映らないときでもカメラとともに走り回っているからこそ、監督から突然「リポートしてください」と振られても、急にカメラの前に出ていま目の前で見たもの、起きたことをそのまま臨場感たっぷりにリポートすることができる。

要自身が実際に間近で爆破による爆風や砂埃を受け、弓矢に倒れる名もなき人々の返り血を浴びている。その事実がリアリティあふれるリアクションを生み、異様な臨場感を作り出したのだ。

「たまたま転んじゃったりして、カメラが落ちて電源が切れて入れ直すみたいなことがあったんですけど、それがリアルでホントにビデオジャーナリストみたいで。そういう計算していない画を使っていくとすごくリアリティを持つ。

それがこの番組の面白さだと気づいて、そういうところを採用していったら、当初は沢嶋はお堅いジャーナリストだったんですけど、要さんが本来持っているチャーミングな人間臭さみたいなものがどんどんキャラクターに反映されていきました。そこがシリーズを重ねていく醍醐味でもありましたね」（中尾）

２０１１年のシーズン３からは、「歴女」で知られ番組ファンを公言していた杏が、タイムスクープ社本部から沢嶋をサポートするタイムナビゲーターの古橋ミナミ役として加入した。

庶民たちの暮らし

本作で描かれたのは、戦場で医療活動をおこなう僧、利き茶で賭けごとに興じる武士、「闘茶」に熱狂する人々、関所越えを目指す女性たち、「遊歴算家」と呼ばれるフリーの数学者、「後妻打《うわなりう》ち」をする女性、髪結い師、瓦版記者、おなら代理人「屁負比丘尼《へおいびくに》」など多種多様な庶民たちの暮らしだ。そのネタは尽きることはなかった。

「入歯職人がいたっぽいというのを知って調べてみると、入歯職人だけではなくていろんな職人がいたことがわかったりする。そうやって調べていくうちに別の題材を見つけたりするじゃないですか。だからどんどんストックは貯まっていくんですよね。それ以外にも、昔から疑問に思っていることがあったんですよね。たとえば、戦場にも絶対医者がいたんじゃないかって。それで調べてみると医僧がいたとわかったり。80作つくりましたけど、まだまだネタはありました」（中尾）

しかし、古い時代になればなるほど史料が少なく苦心した。また庶民の暮らしを記した文献もそう多くなく、紙にまとめると数枚程度にしかならない。特に女性の暮らしに関する史料はほとんど見つからなかった。

室町から戦国時代の時代考証を担当したのは、歴史学者の清水克行《しみずかつゆき》。一口に時代考証と言っても、作品との関わり方は様々だ。ドラマによっては、シナリオの確認のみで、しかも修正意見は無視され、ただの権威付けに利用されるだけの場合さえあるという。そんな話を知人から聞かされていた清水だが、初めての時代考証の仕事となる『タイムスクープハンター』の現場は、想像とまったく違っていたと『歴史REAL』vol.2に手記を寄せている。その概要はこうだ。

まず番組で取り上げるテーマが決まると、放送の2か月前ほどに中尾を始めとするスタッフが大学の研究室に訪ねてくる。中尾の漠然とした構想を聞き、それが実現可能か、他にどんな史料があるかを伝え、必要ならば絵巻物の写真や画集を並べて、解説をおこなっていく。

たとえば戦に敗れ落ちのびてきた姫と侍女を描いた「戦火の女たち」で中尾は、女性鉄砲隊の銃撃戦を描きたいという構想を持っていた。しかし当時の火縄銃は充塡に時間がかかるといった多くの問題があり、我々が想像するほど普及はしていない。銃撃戦が展開されるほど一般的な武器として使われているという設定ならば戦国末期でなければならない。しかし、その時期には既に織田・豊臣による統一事業が進んでいるため、小大名が滅亡するような激烈な合戦は当初構想されていた地域では起こり得ない。そこで清水は思案し、物語の舞台を戦国時代の末期まで小競り合いが続いていた上野国がいいのではないかと提案したのだ。

こうした設定は本編ではテロップに数秒表示される程度の情報だが、リアリティを追求したいという中尾に清水はでき得る限りの専門知識で応えた。

時代考証のアドバイスを受けてシナリオ案が完成するので、そのシナリオ案をチェックするのが放送1か月前。固有名詞や言葉遣い等に不自然な部分がないかを確認していく。さらに撮影中にも衣装や小道具に細かい確認が入ってくる。そうして放送1週間前に仮編集されたDVDが清水のもとに送られてきて最終チェックがおこなわれるのだ。

しかしながら、何重にチェックしても、どうしても漏れはある。室町時代には存在しない2階建ての町屋や、まだ一般的ではなかった着物（肩衣《かたぎぬ》）を着ている人が映ってしまっていたのだ。これを指摘すると、次の回では、見事にスタッフたちは室町時代風の場所を探してきた。

清水が出した修正意見はほぼ100％完成映像に採用された。だから、清水も細かいところまで口を出した。意見を言い過ぎではないかと心配した清水は、中尾にそれを聞いてみたことがあるという。すると中尾は平然とこう答えたという。

「自分のなかに、こういう画を撮りたいっていうこだわりは強くあるんですけど、それ以外の部分は全面的に時代考証の先生方の意見に従うつもりですから」（※6）

時に、娯楽性と史実は対立する。しかし、フェイクドキュメンタリーである以上、その史実の細部にこそ娯楽性は宿っている。

ベタな演出を回避する手段

ファンタジーではなくリアリティのある映像を撮りたい中尾にとって、やはりドキュメンタリーはジャンルではなく手法として認識している。フェイクドキュメンタリーという形式になったのは必然だった。

「ドラマにしてもバラエティにしてもドキュメンタリーにしても、どこかにフェイクの部分があるわけじゃないですか。『木曜スペシャル』の矢追純一の番組とか『水曜スペシャル』の川口浩探検隊だって、当時はマジで見ていたけど、いま見るとフェイクドキュメンタリーじゃないですか。僕もテレビっ子だからそれが刷り込まれている中で、僕はあえてそこに『フェイクですよ』って提示してアプローチしたということです」（中尾）

映画『ブレア・ウィッチ・プロジェクト』のヒットは中尾にとって悔しさがあった。自分がやりたかったことを先にやられてしまったと感じたからだ。それと同時に自分がやりたいことは間違ってないんだと勇気ももらった。こうした映画の登場から視聴者にもフェイクドキュメンタリーを楽しむ土壌ができてきていると感じた。そして映画『クローバーフィールド』（２００８年）でホラーではないジャンルでもフェイクドキュメンタリーが有効であることが示されたことも中尾の中で大きかった。
「映画やドラマの魅力ってプロットとかストーリーよりも、演出だと思うんです。実際、『タイムスクープハンター』のストーリーは、氷を運ぶだけとか、すごくシンプルなものが多い。でも、同じ題材を撮ったとしても、その演出次第で新鮮にワクワクするものができる。
映画ならワンカットで撮る人もいるし、ロングショットばかりを使う人もいれば、細かいカットで繋ぐ人もいる。そういう色々なスタイルがあるところが面白い。僕はいままでにないアプローチをしたいと思ったから、ドキュメンタリーの手法を使って、時代劇を描いたんです」（中尾）
その言葉通り中尾は、２０１８年に放送された藤井流星、濵田崇裕《はまだたかひろ》・主演の深夜ドラマ『卒業バカメンタリー』（日本テレビ）でも、ドキュメンタリーの手法を使って、童貞大学生たちが奮闘する恋愛コメディを描いた。中尾にとってフェイクは「ベタな演出を回避する手法のひとつ」であり、ドラマのリアリティを増すための演出なのだ。

詐欺とイカサマ

『タイムスクープハンター』での沢嶋雄一のある日の取材では「見せ物小屋」を営むある兄弟が密着されていた（シーズン４・第4話「見せ物カッパ珍騒動！」２０１２年4月24日放送）。

時は１８９９年（明治32年）。珍獣、珍品、曲芸。好奇心をくすぐる出し物で戦国時代から人々を楽しませていた見せ物小屋。だが明治に入ると文明開化とともにその在り方を変えていかざるを得なくなっていた。欧米から持ち込まれる様々な娯楽に流れていく観客。しかし、そんな中でも、古くからのスタイルを頑なに守る柄本兄弟。

たとえばその出し物は「大海鰻（おおあなご）」。蓋を開ければ『『大』きな『穴』に『子』供（の人形）」というあまりにもくだらないダジャレネタ。

番組ではさらに当時の実際にあった定番ネタを紹介していく。「大鼬（おおいたち）」は「大きな板に血がついた〝大板血〟」、「怪物べなべな」は鍋がひっくり返っているだけ、「四角い体の三つ目」はハナをとって3つの穴が空いている下駄。しかしそういったくだらないネタにも怒り出す客は1人もいなかったという。嘘だとわかっていてもついつい入ってしまう。それが見せ物小屋の楽しみ方のひとつだったのだ。

やがて柄本兄弟は当時流行していた「カッパ」の見せ物にヒントを得て「カッパのミイラ」のネタを思いつく。それも「動くミイラ」だ。たまたま知り合った偽物のミイラ作りの職人に弟を特殊メイクで「カッパのミイラ」にしてもらおうというのだ。

ちなみに当時の日本のフェイクミイラ作りは世界的に評価されており、海外に輸出されいまでも大英博物館など多くの博物館に所蔵されているという情報がタイムナビゲーター古橋ミナミから報告される。

しかしカッパの特殊メイクは一度装着したら外すことは難しい一方で、カッパの姿で歩くわけにはいかない。そこで大八車で荷物のように「カッパのミイラ」になった弟を運ぶ「カッパ輸送作戦」に突入する。

だが、突然の尿意がきっかけとなり「カッパのミイラ」の見た目のまま外に飛び出した様子を村人に目撃されたことで村中が大パニック。大規模な「カッパ捕獲作戦」

が展開されてしまうのだった——。

見せ物小屋の定番ネタもフェイクミイラも実際に文献などに残っているもの。そしてこの「カッパ出没パニック」も「大百足《むかで》が出没」という当時の新聞記事を基にしたエピソードだ。「中に人が入った着ぐるみの百足扮装で人々を脅かし、盗みを働いていた窃盗犯を漁師が退治に出かけるという事件」が実際にあった。

普通ならただのドタバタ劇になってしまうような展開でも、ちゃんと史実に基づいているからこそ生まれるリアリティには面白さが詰まっている。

そしてリピートやスロー映像などの冗長な演出やマイクロカメラを駆使した無駄な「最新技術」がパニックの模様を臨場感いっぱいに盛り上げる。緊張感あふれる中で「キュウリの罠のところに密かに置いたマイクロカメラ」なんてフレーズが面白くないわけがない。

この「取材」の途中で一度、柄本兄弟は出し物について口論をしている。ブームになっている「催眠術」、サクラを使ってやってみようと弟が提案するのだ。しかし、それを兄がきっぱりと否定する。

「詐欺とイカサマは全然違う！」

それはまさに『タイムスクープハンター』の哲学を示した言葉ではないだろうか。いや、それどころかフェイクドキュメンタリーの真髄をあらわした言葉だ。人はリアルな現実よりもリアリティのあるものに惹かれる。リアルよりリアリティ。「これが嘘に見えるか！」と柄本兄弟が言うように、やっていることがフェイクでもリアルな感情がそこに乗っていれば、時に現実そのものよりもリアルに伝わるのだ。

そして2人の「取材」を終えた沢嶋はこのような言葉で締めくくった。

「傍から見れば彼らのやり方はバカげたことかもしれない。だが、これだけは言えるだろう。好きなことをやり続けた2人は誰よりも心から満足していたことを」

それは『タイムスクープハンター』と中尾浩之にこそ贈りたい言葉だ。

安島隆が大好きなコントをテレビの世界からなくさないようにフェイクドキュメンタリーという手法を使ったのと同様に、中尾浩之も大好きな時代劇の世界をフェイクドキュメンタリーによって新しいリアリティに作り上げたのだ。

※1　1998年の「MTV　STATION－ID CONTEST」グランプリ作品。2005年にテレビ東京で放送。ライブメーションは、俳優の動きを1枚ずつ撮影し、Photoshopでトレースして色を付け、目だけを手描きにする手間のかかる手法。
※2　本作を皮切りに『シリーズ江戸川乱歩短編集』（NHK）、『ごめんね青春！』『カルテット』（TBS）、『ブラッシュアップライフ』（日本テレビ）、『First Love初恋』（Netflix）、『パリピ孔明』（フジテレビ）など映像作品の衣装を手がけていくこととなった。
※3　『劇場版タイムスクープハンター安土城 最後の1日』公式パンフレットより
※4　『オトナファミ』2013年10月号（エンターブレイン）より
※5　NHK『あさイチ』2013年7月19日より
※6　『歴史REAL』vol.2（洋泉社MOOK）より
※特に注釈のない中尾浩之氏の発言は、2023年に実施した取材時のもの。

ミニコラム④

現代を「歴史」と捉えるフェイクドキュメンタリー

いわゆる「歴史モノ」のフェイクドキュメンタリー的番組は、『タイムスクープハンター』以降、2011年から2012年に関口宏を司会に迎え、「歴史的な事件」が起きた日にワイドショーがあったらどうなるかを描いたハウフルス制作の『世紀のワイドショー！ザ・今夜はヒストリー』（TBS）や、2016年から不定期に放送され古舘伊知郎が「歴史的な事件」を実況中継する『古舘トーキングヒストリー』（テレビ朝日）なども制作された。

一方、現代を「歴史」と捉える番組もある。その代表例が、2011年から2012年にレギュラー放送された『ジョージ・ポットマンの平成史』（テレビ東京）だろう。企画・演出をしたのは高橋弘樹《たかはしひろき》。「テレビ嫌い」を公言し、『空から日本を見てみよう』や、のちに『家、ついて行ってイイですか？』など〝タレントに頼らない〟番組作りを信条としていた。

「日本の民俗学にとって平成時代とは大きなターニングポイントだったと後世の研究者は記すでしょう」

ヨークシャー州立大学歴史学部教授・ジョージ・ポットマンは〝歴史学の視点から日本の平成史を研究し、通説にとらわれない大胆な仮説で知られる日本研究者〟だ。そんな彼が様々な事象を平成史として紐解く番組が、「テレビ誕生100周年記念番組」として「テレビ東京・CBB共同制作」された『ジョージ・ポットマンの平成史』だ。もちろん、ジョージ・ポットマンなんて学者は存在しないし、CBBなどという放送局も実在しない。

この番組の真骨頂は、いちいち「〜礼賛文明」と仰々しく名付け、小倉優子を「焼肉店経営者」、みうらじゅんは「仏教学者」、デリヘルは「健康宅配業」、アダルトビデオは「性教育ビデオ」と言い換えるバカバカしさ。「青い猫型ロボットが救いようのないダメ人間を更生させるために未来からやってくる」のは『ドラえもん』。『源氏物語』は「ヤリチンを主人公にした日本最古のエロ小説」だ。識者の紹介にはいちいち「ドM」「推しメン：板野」など、どうでもいいテロップがつく。一方でその識者には可能な限り大学教授を起用し、説得力を増すことにこだわった。証言などを受けるジョージ・ポットマンの困惑・凝視・驚嘆などのリアクションも鉄板だった。

「資料映像」の名のもとに当時のテレビ界ギリギリのエロ映像が平気で流れる。扱われるテーマも、「童貞」、「人妻」、「ラブドール」、「性教育」などエロ系のものが少なくない。

「別にエロにこだわったわけじゃなくて、

他でやってない歴史を掘っていったらエロが多くなったんです。逆にエロだからやめようというのもありませんでした。最近、テレビ業界の人はエロをアンタッチャブルにとらえる風潮がありますけど、マジメにやれば恐れる必要はない」（※『Ｑｕｉｃｋ Ｊａｐａｎ』ｖｏｌ．１０１）と高橋は言う。

この番組の構造を見て真っ先に想起するのは、１９９０年から１９９１年にフジテレビの深夜枠「ＪＯＣＸ－ＴＶ２」で放送された『カノッサの屈辱』だろう。仲谷昇《なかやのぼる》が「歴史学の教授」という肩書で登場し、「現代文明は10年前に始まった」という大胆な仮説をもとに、主に80年代の流行を歴史上の出来事に見立ててＮＨＫの教育番組風に講義する番組だった。松任谷由実をユーミン西太后に見立て「ニューミュージックと西太后の時代」と題して、ニューミュージック史を解説し、デパートの勃興を大航海時代になぞらえ、クイズ番組を思想家と重ね、ビデオのシェア争いを関ヶ原の戦いに喩《たと》えた。『シャボン玉ホリデー』にその名を由来する「シャボン朝ペルシャ」（＝日本テレビ）の民衆は、「東京ドームに向かって1日5回の礼拝を欠かさない」など皮肉の効いた表現に定評があった。そんなフェイク教養番組は、同枠を代表するヒット作となった。

『ジョージ・ポットマンの平成史』の高橋

弘樹は、『カノッサの屈辱』を知らない世代。後から見てその面白さに驚いたという。一方で「方向性が真逆」とも感じた。「『カノッサ』は歴史を何かに置き換えて遊ぶ番組で、それに対して『平成史』は面白い事実を発見して紹介する番組」（※同前）だと位置づけている。

ある日の放送では「美女メガネ史」と題して、当時の日本のファッションシーンで「伊達メガネ」が急増している謎を独自の理論で語っていく。副題は「のび太とGHQのプロパガンダ」。

「オシャレタウン」原宿では伊達メガネ率が急増し、美人モデルやアイドルたちがこぞってメガネを着用するようになった。そんな日本のメガネの歴史をポットマンは紐解き始める。

日本最古の現存するメガネは室町時代のもの。庶民に認知され始めた江戸時代には「メガネ＝金持ち」のイメージ。メガネが安価になった明治時代に「メガネっ娘・メガネ男子大好き文明」に突入すると間もなく伊達メガネで知識人を装う「伊達メガネ大好き文明」が興った。

しかし昭和になるとイメージが激変。

「いったいなぜ？」

ポットマンはカメラに向かって問いかける。

戦中アメリカがおこなったプロパガンダで「日本人＝メガネ＝悪者」というイメー

ジがすりこまれた。さらに戦後GHQがおこなった「3S政策」により知識人の地位が低下。そして「ガリ勉」という言葉まで発生し、「真面目に勉強する奴ダサイ文明」にまで突入した。漫画の世界でも「ダメ人間」や「不美人」の象徴としてメガネが使われるようになっていくのだ。

しかし平成時代には突如「伊達メガネ礼賛文明」に突入する。しかもエセ知識人や不美人系女子のアイテムではなく、逆に非常に美しいモデルやオシャレ女子であるほど着用率が高まるという不可解な現象を見せる。長い不況による経済的格差やネット社会化を背景に深刻化した「出る杭打たれすぎ文明」がその原因だと看破する。「美人やおしゃれな人が『隙』を見せるためにメガネをする」のだ。

変顔・方言・アヒル口・八重歯、そしてメガネなどあえてコンプレックスを礼賛することで「自分出過ぎてないですよアピール」し「出る杭」にならないようにしていった。その結果が「伊達メガネ礼賛文明」なのだ。

このようにジョージ・ポットマンは綿密なリサーチで過去の現象を丁寧に紐解きながら、時に一見無関係に思える事象同士を、論理のすりかえ、こじつけ、意図的な無視、飛躍などを駆使し、「コペルニクス的転回」を経て思いもよらぬ虚実皮膜な結論を導き出す。緻密《ちみつ》といい加減の絶妙なバランス。そこにカタルシスが宿っていた。

フェイクはたったひとつ、CBBとジョージ・ポットマンの存在だけ。ポットマンは制作者の問題意識を代弁してくれる人物として立てているが、そこ以外はすべて〝事実〟だ。しかし、そのフェイクは、論理を飛躍させる踏み台としても機能していたのだ。

ちなみにジョージ・ポットマンは、2020年に同じく高橋弘樹が制作した『撮影の、一切ないドラマ 蛭子さん殺人事件』（BSテレ東）にも登場している。「サン・エビス」こと蛭子能収がこれまで出演した過去映像を繋ぎ合わせドラマに仕立てたフェイクドラマとも言える実験作でポットマンはそのストーリーテラー的な役割で登場している。ポットマンは架空の「殺人事件」を仕立て上げるドラマに飛躍させつつも、テレビにおける蛭子能収の〝歴史〟を抽出し紐解いたのだ。

Ⅴ フェイクドキュメンタリーホラーブームの原点

～『日本のこわい夜～特別篇 本当にあった史上最恐ベスト10』（2005）

これまでドキュメンタリー、お笑い、ドラマの各ジャンルでのフェイクドキュメンタリーの拡張を見てきたが、〝本流〟とも言えるホラーの分野でも表現の模索は続けられた。

映画界で数多くのフェイクドキュメンタリー・ホラー作品を発表し続けている映画監督の白石晃士《しらいしこうじ》も、かつてはテレビの世界でフェイクドキュメンタリー番組を制作している。

2005年に放送された『日本のこわい夜～特別篇 本当にあった史上最恐ベスト10』（TBS）だ。生放送バラエティ番組という体裁のこの番組は、「フェイクバラエティ」の〝元祖〟とも言える番組だ。さらに、心霊ドキュメンタリーを放送するオカルト番組の体裁を採りながらも、真偽不明の情報で恐怖心や好奇心を煽《あお》るオカルト番組に警鐘を鳴らす側面もあった。いったいなぜ、心霊ドキュメンタリーも数多く作ってきた白石晃士がテレビで「アンチ・オカルト番組」とも言える番組を作ったのだろうか。

オカルト・ホラーブーム

2020年以降は皆口大地《みなぐちだいち》による「ゾゾゾ」(2018年〜)や「オウマガトキFILM」(2020年〜)などを筆頭に、心霊・ホラー系YouTubeチャンネルが人気だ。また台湾発のホラー映画『呪詛』がNetflixで公開されて大ヒットした。「怪談ブーム」が興《おこ》り、心霊・ホラーが盛り上がりを見せている。

テレビでも同様だ。2010年代、東日本大震災の後に社会を取り巻く雰囲気やコンプライアンス意識の高まりが影響したのか、明らかにオカルト系番組は激減していたが、2020年代に入るとにわかに復活し始めた。YouTubeに限らずテレビでも、心霊現象が映った投稿映像を検証したり、実在する心霊スポットに訪問したりする、いわゆる「心霊ドキュメンタリー」が再び人気を取り戻してきた。心霊ドキュメンタリーを多く手がけている映像作家の寺内康太郎《てらうちこうたろう》も2022年のインタビューで「私が心霊・ホラージャンルで仕事を始めてから20年ほどたちますが、今が一番盛り上がっているという実感はあります」（※1）と語っている。

こうした「心霊・オカルト」というジャンルは、黎明期の『放送禁止』やYouTubeで大きな話題となった『フェイクドキュメンタリー「Q」』を始め、フェイクドキュメンタリーと相性がいい。「フェイクドキュメンタリー＝ホラー」と誤解されることすら少なくないほどだ。

そんなフェイクドキュメンタリー・ホラーの第一人者と言えるのが『オカルト』（2009年）、『シロメ』（2010年）、『戦慄怪奇ファイル コワすぎ！』シリーズ（2012年〜）などで知られる映画監督の白石晃士だ。

白石は、2005年8月24日にTBSのゴールデンタイムに放送された『日本のこわい夜〜特別篇 本当にあった史上最恐ベスト10』を演出。心霊・オカルト系番組として強烈なインパクトを残し、いまや〝伝説〟的な番組となっている。

この頃、1998年に公開された映画『リング』や『呪怨』（OV《オリジナルビデオ》版が2000年、映画版が2003年）などのヒットで、「Jホラーブーム」が起き、2002年頃をピークにオカルト番組が再燃。しかし、2000年代半ばからは江《え》原《はら》啓之《ひろゆき》や細《ほそ》木《き》数《かず》子《こ》らによる「スピリチュアルブーム」でスピリチュアル番組に移り変わっていくことになる。従って、2005年はJホラーブームとスピリチュアルブームの端境期だった。

くりぃむしちゅーを司会に据え、スタジオゲストには勝俣州和、ユンソナ、ヒロシ、劇団ひとり、さくら、なぎら健壱という盤石の構え。オープニングのダイジェスト映像では「お祓《はら》いをおこなって臨んだスタジオ収録だったのだが、予想を遥かに超えた事態が巻き起こる」といったナレーションとともに、女性ゲストたちの悲鳴や泣き顔、スタジオの観覧客やカメラマンが倒れ込む姿などパニックに陥ったスタジオが映し出され、「オンエアできないですよね？」という声が流れ、恐怖を煽る。

1778通の視聴者から寄せられた怖い話・心霊映像の中から、番組独自の恐怖指数でトップ10を厳選して発表するという形式で、防犯カメラが捉えた心霊現象の映像や映画『ノロイ』で霊が映り込んでしまったためにお蔵入りになったという映像の紹介、視聴者から寄せられた手紙をもとにしたヒロシによる現地リポート、霊能者による除霊など、心霊番組定番のメニューがこなされていく。

「おわかりいただけただろうか？」

『ほんとにあった！呪いのビデオ』シリーズなどで定番化した低いトーンで問いかけるフレーズが視聴者の目線を釘付けにしていく。

ここまでは極めて一般的な心霊・オカルト番組のフォーマットだ。しかし、ここから番組は急展開を見せることになる——。

オカルト番組の変遷

ここでいま一度、日本のテレビにおけるオカルト番組の歴史をざっくりと振り返ってみよう。一口に「オカルト番組」と言ってもその定義は難しいが、高橋直子《たかはしなおこ》（テレビ番組のリサーチャーでもある宗教学の博士）が著した『オカルト番組はなぜ消えたのか』（青弓社）では「超能力（者）、霊能力（者）、超常現象、心霊・怪奇現象、未確認飛行物体（ＵＦＯ）、未確認生命体（ＵＭＡ）など、超自然的現象を企画の中心とする出し物とし、かつ、その真偽を積極的に曖昧にする傾向があるテレビ番組」と定義している。

日本における「オカルト元年」と呼ばれているのが1973年だ。この年、小松左京のSF大作『日本沈没』や、五島勉《ごとうべん》が「1999年7の月に人類が滅亡する」という独自解釈を加えた『ノストラダムスの大予言』が空前の大ベストセラーになった。テレビでも『お昼のワイドショー』(1968〜1987年、日本テレビ)の1コーナーとして、新倉《にいくら》イワオによる「怪奇特集!!あなたの知らない世界」(※2)が始まった。『11PM』(1965〜1990年、日本テレビ)では1973年12月4日に矢追純一がユリ・ゲラーを初めて登場させた。『木曜スペシャル』(1973〜1994年、日本テレビ)でオカルト系の企画が放送されたのも、1973年12月27日の「現代の怪奇!決定版・これが空飛ぶ円盤だ!! 本邦初公開!世界各地の円盤実写フィルム及写真数100点大特集」がおそらく最初だ。

そして1974年にオカルトブームは最高潮を迎える。その最大の沸点となった瞬間は時間まで特定できる。

「1974年3月7日午後8時35分」だ。

この日、ユリ・ゲラーが『木曜スペシャル』に出演したのだ。新聞のラ・テ欄に〈「驚異の超能力!!世紀の念力男ユリ・ゲラーが奇蹟を起こす!」念力で金属が曲がる▽テレパシー透視術▽そして…〝今日午後8時35分〟日本全国に何が起こるか?〉と記されているように、この時間に視聴者へ止まった時計を持ってくるように指示し、遠隔で念力を飛ばしたのだ。すると、本当に時計が動き出したという視聴者から電話が殺到。視聴率は30%を超え、日本中がユリ・ゲラーの超能力に沸いた。

テレビ朝日（当時・NET）では、『木曜スペシャル』に対抗して『水曜スペシャル』（1976～1986年）を立ち上げた。ブレーンに作家の中岡俊哉《なかおかとしや》を配し、「超常現象」企画を数多く放送した。中岡は「心霊写真」ブームや「コックリさん」ブームの火付け役となっていく。

この『水曜スペシャル』からは、1978年から「川口浩探検隊」シリーズも始まる。「フェイク」とは銘打っていないが、現在では日本におけるフェイクドキュメンタリーの〝源流〟のひとつとも言われているシリーズだ。

こうしたオカルト番組は、「ヤラセ・捏造」問題で一時的に下火になりながらも、ネッシー、ヒバゴン、口裂け女（１９７０年代）、テケテケ、人面犬、ハレー彗星、丹波哲郎《たんばてつろう》による大霊界や稲川淳二による怪談ブーム（１９８０年代）、宜保愛子《ぎぼあいこ》ブームやＭｒ．マリックのハンドパワー、人面魚、学校の怪談、宇宙人解剖フィルム（１９９０年代）などと、ブームが消えては再燃するという流れを繰り返している。

そして１９９０年代後半の「Ｊホラーブーム」に至るのだ。「Ｊホラー」の原点と言われているのは、１９８８年に発売された石井《いしい》てるよし監督によるオリジナルビデオ作品『邪願霊《じゃがんれい》』。構成をＪホラー理論の提唱者である小中千昭《こなかちあき》が務めた本作は、冒頭に「このビデオは、あるテレビ・ドキュメンタリーの取材テープをもとに、再構成したものである」とテロップが流れるように、当時は一般的にその言葉は使われてはいないが、明確にフェイクドキュメンタリーの形式を採られている。１９８２年に『木曜スペシャル』で放送されたイギリスのテレビ番組『第三の選択』（※３）にインスパイアされたものだという（※４）。

小中は自主映画出身。同じく自主映画出身の高橋洋《たかはしひろし》、鶴田法男《つるたのりお》、黒沢清《くろさわきよし》、清水崇《しみずたかし》、豊島《としま》圭介《けいすけ》、そして白石晃士らが「Ｊホラーブーム」を支えていくことになる。

『映画秘宝』を創刊した田野辺尚人《たのべなおと》は「撮影所システムが崩壊した後、映画監督を育てる土壌を失ってしまった日本映画界を土壇場で支えたのは自主映画出身者であり、恐怖演出へのこだわりには彼らが共通して体験した70年代オカルト映画ブームがあり、こうして培われた恐怖表現が日本発の新しい表現として世界中に受け入れられた」と論じている（※5）。

一方、テレビでは１９９５年のオウム真理教事件の影響でオカルト番組は放送自粛を余儀なくされたが、Ｊホラーブームの影響もあってか、再び日の目を見るようになる。オカルト番組の人気復活の大きな原動力になったのが、ビートたけし（※６）がナビゲーターを務める『奇跡体験！アンビリバボー』（１９９７年〜、フジテレビ）だ。前述の通り、この番組で長江俊和らによって、心霊現象への取材過程をコンテンツとする、いわゆる「心霊ドキュメンタリー」の手法が確立されていった。２０００年代には「心霊ドキュメンタリー」系のオカルト番組が多く放送されるようになる。ＯＶ《オリジナルビデオ》作品でもＪホラーブームと相まって『ほんとにあった！呪いのビデオ』シリーズ（１９９９年〜）を筆頭に数多くの作品が生み出されることとなった。

世界一フェイクドキュメンタリーを撮っている男

オカルト番組に心霊ドキュメンタリーが放送されるのが当たり前になりつつあった時代に放送されたのが『日本のこわい夜～特別篇』だった。途中、公開直後の映画『ノロイ』の撮影にて「霊が映り込んでしまったためにお蔵入りになったという映像」が挟まれていることからもわかるが、この番組は映画のプロモーションとして企画された。『ノロイ』はこの番組の演出を務めた白石晃士の監督作品だ。

白石は「世界一フェイクドキュメンタリーを撮っている」(※4)と自称している通り、数多くのフェイクドキュメンタリー作品を発表している。そもそも、学生時代に制作した『暴力人間』(1997年)からフェイクドキュメンタリーだった。長江同様、『ありふれた事件』に強い影響を受け制作した。

「一番大きかったのは、それまでカット割りをして撮っていたんですけれども、いつも自分が映画を観てるときのような良い感じにならない。だったらカット割りっていう概念は捨てて、ただ俳優さんと起きているところを撮ってあとで編集でなんとかしようと、『ありふれた事件』を観たときに思って。そうしたらそれまで得られたことのないような〝キタッ〟て感じがあったんです。何この本物感、面白いなぁっていう感触があって」（白石／※7）

『暴力人間』は冒頭に「この作品はドキュメンタリーという設定の嘘八百である」と明示しているのにもかかわらず、PFF（ぴあフィルムフェスティバル）では、審査員の一部が本物のドキュメンタリーだと思い込み予備審査で落選してしまう（※4）が、「ひろしま映像展'98」では高く評価され、企画脚本賞・撮影賞を受賞した。

その『暴力人間』を見たプロデューサーの大橋孝史《おおはしたかふみ》が声をかけ、心霊ドキュメンタリーの世界に白石は足を踏み入れることになった。初めて彼が監督したのは2001年11月に発売されたオリジナルビデオ作品『日本怨念地図 検証!!杉沢村の呪い』。奇しくも長江と同時期に同じテーマを扱っているのが興味深い。ただ、白石は自分がホラーをやるなんて思ってもいなかったと述懐している。北野武映画のファンだった白石は『暴力人間』がそうだったように当初はバイオレンス映画を志向していた。一方で「今思うと、心霊モノ

UFOモノの番組が好きだったりとか、超能力番組や心霊写真なんかも好きで夢中で見てたので、運命だったのかなって」(※7)とも語っている。2年近く心霊ドキュメンタリーを量産し続ける日々は「キツかった」とも言うが、その経験が白石の恐怖演出はもちろん映像技術を研鑽することになった。

そして2005年、白石のフェイクドキュメンタリー・ホラーの原型とも言える『ノロイ』が完成する。ただしこの作品は、『リング』『呪怨』を手がけたプロデューサーの一瀬《いちせ》隆重《たかしげ》の強い意向により「フェイクドキュメンタリー」とは謳っていない。『ノロイ』はある怪奇実話作家が「呪い」をテーマにしたドキュメンタリーを完成させた直後に、謎の失踪を遂げたという前置きから始まる、いわゆる「ファウンド・フッテージ」作品だ。あくまでも実際に起きた出来事を見せるという趣旨で、白石は、見せ物小屋的「モンド映画」に近いと位置づけている。

白石自身はそこにある種のフラストレーションを抱えていた。最初からフィクションとして、のちに『オカルト』でやったような映画的に飛躍する展開をやりたかった。白石にとってドキュメンタリー形式が生むリアリティはあくまで「本物っぽいなあ、臨場感があるなあ、だから没入するなあ」と思ってもらうための手段であり、虚実を見極める面白さは求めていなかった。だが、一瀬は「この世のどこかで起きてておかしくないところで収めてほしい」と強く求めたという（※8）。

原点にして到達点

『日本のこわい夜〜特別篇』も一瀬隆重がプロデューサーを務め、白石が演出をした番組だ。番組では「恐怖指数ランキング」第8位として友近が「本当にあった呪怨の家」を突撃リポートするという心霊ドキュメンタリー形式の中継ロケがおこなわれる。

木造築30年の借家は、誰もいないのに深夜に水の流れる音がしたり、びしょ濡れの少女の霊が見えたり、開かずの押し入れがあったりするのだという。以前、番組のロケで訪れたことがあるという稲川淳二も、何者かの視線や声がして、スタッフが次々と倒れたことで撮影が中止になったと証言する。

友近は、司会のくりぃむしちゅーらの問いかけに「不気味な感じはしますけど、霊的なものは感じない」と家の前でコメント。スタジオと掛け合いながら家に入っていく。

異音のする建て付けの悪いお風呂の扉を開けようとすると、近くにあった鏡が割れたり、怪奇現象が次々と起こる中、浴槽には錆《さ》びたような水が不気味に残っている。「流したほうがいいんじゃないか」と上田晋也がえげつない振りをし、栓を抜かせると奥には海藻のようなものが詰まっていた。さらに鏡に何か顔のようなものが映っていると劇団ひとりが指摘していく。

２階へ上がると音声トラブルでスタジオの声が聞こえなくなっている様子。そして〝開かずの押し入れ〟と言われている押入れを力ずくで開けると、そこから大量の水が猛烈な勢いで流れ込んでくるのだ。そこで中継が途切れてしまう。

スタジオが騒然とする中、上田はこの後見てもらう予定だったというＶＴＲを流すと話し、なんとか進行していく。そのＶＴＲでこの家に住んでいた一家が事故で車ごと海に沈んだという背景が伝えられる。中継が復活するも、そこに霊のようなものが映ったり、スタジオでも心霊現象が起きたり大パニック。結局、収録中断となってしまう。

収録続行が不可能になってしまったため、くりぃむの2人は帰宅の途につくことに。

ここでトーンは一変。ドラマとしか言いようがない画面になっていく。2人が帰る家ももちろん本当の自宅でないことは一目瞭然。その〝自宅〟の風呂から髪の長い少女があらわれるのだ。

そこで「もちろんフィクションである」というナレーションが入る。


白石晃士が「フェイクドキュメンタリー」と銘打った商業映画を発表するのは2009年公開の『オカルト』まで待たなければならない。つまり、『日本のこわい夜〜特別篇』は、白石が自主映画を除いて、初めて「フェイクドキュメンタリー」と明確に示した記念碑的な作品なのだ。それを民放の地上波テレビのゴールデンタイムに「生放送」という体裁でやってしまったのだから驚きだ。やはりこの放送の後、クレームが8000件近く入ったそう（※8）。一方で、のちに本作と同様にバラエティ番組のフォーマットを利用したフェイクドキュメンタリー『Aマッソのがんばれ奥様ッソ！』（2021年）、『このテープもってないですか?』(2022年、ともにBSテレ東)を制作する大森時生もこの番組を見て衝撃を受けたという。

「ひとつの到達点だと思いましたね。やっぱり〝生放送〟というギミックを生かしているという点も魅力的でした。この番組が既にあるから生放送のホラーというのはもう作りにくいとさえ思ってしまいます」(大森)

途中まではスタジオとロケをライブで中継をつないでいたが、ある時点から事前に撮影したVTRに差し替える手法で一部の出演者や観客たちを騙していたという(※8)。おそらく友近が2階に上がり、音声トラブルになったタイミングで切り替えたのだろう。友近のどこかふざけているようでもありながら、どんどん真実味を増していく演技も光った。

白石は役を作り込んでしまうタイプの役者はフェイクドキュメンタリーに向いていないと分析している一方で、お笑い芸人は向いている人が多いという。

「もちろんちょっとは作り込んでいないといけないんですけど、キャラクターを把握したうえでフラットな状態になっているかというのは重要なポイントです。そういう意味で、お笑い芸人の皆さんの多くはフェイクドキュメンタリーに向いていると思っています。彼らは面白い話を舞台上で本当だと感じさせるように喋る能力が高いですから。

芸人さんはリアクションの瞬発力が求められる職業なので、そういう意味でも適性が高い」（白石／※4）

白石がその後に発表する映画では、種明かしや真偽の境界を探る面白さというよりも、あくまでも没入感や臨場感を生み出すための手法としてフェイクドキュメンタリーを使っている。オカルト、暴力、不条理な笑いをモチーフにするうえでフィクションの強度を高めるための演出だ。その〝原点〟とも言えるのが、真偽を曖昧にしていることがアイデンティティとも言えるオカルト番組で堂々と「フェイク」と銘打った『日本のこわい夜〜特別篇』だったのだ。同時に、生放送のフェイクバラエティとしての〝到達点〟とも言える作品だ。

心霊やオカルト番組は真偽が不明瞭なグレーゾーンを半信半疑で楽しむエンターテインメントだ。しかし、白石はそれをテレビで曖昧なまま放送することに警鐘を鳴らしている。

「心霊ドキュメンタリー、あるいはオカルトやスピリチュアルなモノは、大人であれば嘘だとわかった上で楽しめるかもしれません。しかし、テレビであれば視聴者の中には子どもいるし、陰謀論を信じてしまうような人だってたくさんいます。（中略）ですから、地上波のテレビが心霊なるモノを虚実不明なモノとして扱うのは放送倫理上避けるべきだし、ＹｏｕＴｕｂｅが陰謀論的言説を規制し始めたというのも真っ当な判断だと思います。宗教やカルト、あるいはオカルト的な〝怪しさ〟を楽しむというのは、あくまでもフィクションの中だけでいいはずです」（※1）

オカルトは、言ってみれば〝悪質な「フェイク」〟と隣り合わせのジャンルだ。しかし、白石晃士の「フェイク」はフィクションを作るものとしての〝誠実さ〟のあらわれでもあったのだ。

※1　『サイゾー』2022年10・11月号（サイゾー）より
※2　一般視聴者から寄せられた体験をもとに再現ドラマなどを通して検証する企画。夏休みに放送される人気企画となった。
※3　地球が環境汚染により住めなくなり、選ばれた優秀な人々だけを月面基地を経て火星へ移住させるという選択が採られるという物語。イギリスでは、エイプリルフールの特番とし

て放送されたフェイクドキュメンタリーだったが、『木曜スペシャル』では「衝撃の事実」として「フェイク」であることを明らかにせず放送されたこともあり、強烈なインパクトを残した。

※4　白石晃士：著『フェイクドキュメンタリーの教科書』（誠文堂新光社）より

※5　映画秘宝EX『爆裂！アナーキー日本映画史1980～2011』（洋泉社MOOK）より

※6　ビートたけしは意外にもオカルトブームの中で重要な役割を担っている。『アンビリバボー』の他にも、1991年に宜保愛子がブームになるきっかけは、たけしの番組に出演し、彼を驚愕させたことだと言われているし、肯定派・否定派にわかれて〝討論〟する『ビートたけしの禁断の大暴露!!超常現象（秘）Xファイル』は90年代末から2021年まで年末の風物詩として下火だった時期も含め続いていた。

※7　『怖い噂』2013年5月号（ミリオン出版）より

※8　YouTube「オカルトエンタメ大学」2023年5月13日より

ミニコラム⑤

インターネットで流行するフェイクドキュメンタリーホラー

「情報をお持ちの方はご連絡ください」

2023年1月、ウェブ小説投稿サイト「カクヨム」に投稿された背筋によるホラー小説『近畿地方のある場所について』はそんな書き出しで始まる。雑誌記事やネット書き込み、手紙、インタビューの文字起こしなどを羅列したようなフェイクドキュメンタリー形式の本作は、3月頃から人気に火が付き、8月には早くも書籍化を果たした。断片的で小さな最悪なエピソードを組み合わせていくと、大きな最悪の絵が浮かび上がってくるという構造だった。

こうした「余白」を感じさせるホラーは、インターネットと相性がいい。2000年代には、2ちゃんねるの「オカルト板」のスレッド「死ぬ程洒落にならない怖い話を集めてみない?」、通称「洒落怖」が流行。そこで「八尺様」や「きさらぎ駅」「くねくね」「猿夢」など数多くのネット怪談が生まれた。

その「洒落怖」を小学生の頃に読んで強い影響を受け、自分でも投稿をしていたのが「梨《なし》」だ。2021年には自身のnoteで発表した「瘤談《こぶだん》」が「オモコロ杯2021」で銀賞を獲得し脚光を浴び、フェイクドキュメンタリー的手法を使った

『かわいそ笑』を刊行した。その後、大森時生による『このテープもってないですか？』などに参加している。覆面ウェブライター兼ＹｏｕＴｕｂｅｒ「雨穴《うけつ》」も２０１８年に「オモコロ」でキャリアを本格的にスタート。ネットで発表した記事を元にした『変な家』（２０２１年）、『変な絵』（２０２２年）が書籍化。２０２２年には原案を担当したドラマ『何かおかしい』（テレビ東京）でストーリーテラーとして出演もしている。

２０２０年頃になるとホラー系ＹｏｕＴｕｂｅチャンネルが乱立していく。その先鞭をつけたと言えるのが２０１８年に開設された皆口大地による「ゾゾゾ」だろう。メインパーソナリティの落合陽平《おちあいようへい》を中心に心霊スポットや廃墟などをリポートし、恐怖度を「ゾゾゾポイント」で評価するというコンセプト。そのサブチャンネル「家賃の安い部屋」や「ゾゾゾの裏面」も人気だ。

そして皆口は２０２１年から映画監督・寺内康太郎と組んで『フェイクドキュメンタリー「Ｑ」』を制作している。寺内は大阪芸術大学で映画監督の山下敦弘《やましたのぶひろ》らと同期。Ｊホラーブームの末期にデビューし、心霊ドキュメンタリー作品を数多く作ってきた。そのノウハウを駆使し作られたハイクオリティな映像は、「フェイクドキュメンタリー」というタイトルが逆説的な効果ももたらし、公開されると深読みの考察が怒濤の勢いで展開された。絶対に種明かししないとチームで決めているのはそんな考察を阻害しないため。『脳盗《のうとう》』で知られるラッパーのＴａｉＴａｎ《タイタン》はネットにおけるフェイクドキュメンタリーについて「一人一人がバラバラに考察するんじゃなくて、Ａさんがある情報に注目してコメントをすると、それを継ぐ形でＢさんが考察を付け加え、対してＣさんが別の視点からの見方を提示する。ツリー構造でみんなでリズムを作っていく文化が、和歌を複数人で作る連歌にも似てる。もはや考察コメントのツリーを眺めるところまでがコンテンツ」（※『ＢＲＵＴＵＳ』２０２３年９月１日号）だと分析している。

皆口は「テレビっ子」を公言し、「ゾゾゾ」や「Ｑ」の制作に込めた思いを告白している。

「今よりも元気だった頃のテレビって、微妙なツッコミどころ含めて愛でる・楽しむ面がありました。それが今、ネット文化の只中では、心霊番組も『ヤラセか、ガチか』というゼロサム的な二極分化が進んできて、グレーゾーンの面白みを嗜《たしな》む気風が極度に薄れている。自分はそれを蘇らせたい」（※「集英社オンライン」２０２２年８月28日）

第3章
特異点

Ⅵ 〝フェイク〟をメジャーシーンに押し上げた本気のイタズラ

～『山田孝之』シリーズ（2015、2017）

2010年代半ばまで各ジャンルでテレビ界の停滞感を打ち破るための模索を続けていたテレビ・フェイクドキュメンタリーに大きな〝ブレイクスルー〟をもたらす作品が生まれる。2015年の『山田孝之の東京都北区赤羽』から始まる、いわゆる『山田孝之』シリーズ（テレビ東京）である。『ブレア・ウィッチ・プロジェクト』のヒット以降、15年近くを経て浸透した現代フェイクドキュメンタリーの世界と、メジャー俳優の山田孝之の存在が交錯し、一気に視聴者の間口が広がった。「どこまでが本当で、どこまでが嘘」なのかがわからない作劇は、視聴者の〝わからないもの見たさ〟を刺激し、加速度的に話題を呼んだ。そうしてフェイクドキュメンタリーをメジャーの世界に導いたのだ。

また、「役者はあくまでも演じ手である」という価値観にも一石を投じることとなった。山田は本作でも作り手側の部分を担い、その後も裏方やプロデュース業を積極的におこなうようになった。その姿勢は、綾野剛、オダギリジョー、斎藤工、池田イライザ、賀来賢人ら、同世代や若い世代の役者にも波及していった。そういった部分でも『山田孝之』シリーズはターニングポイントと言える作品だ。

そんな作品への参加に山田孝之を駆り立てたものは何だったのだろうか。

山田孝之の〝異変〟

「なんだこれは？」

山田孝之がまたテレビ東京の深夜におかしなことをやり始めた。２０１５年の年明けに起こったざわつきは忘れられない。

山田孝之といえば『ＷＡＴＥＲ ＢＯＹＳ』（２００３年、フジテレビ）、『世界の中心で、愛をさけぶ』（２００４年、ＴＢＳ）、映画『電車男』（２００５年）などに主演していたメジャー俳優。そんな彼に〝異変〟を感じ始めたのは2010年代に入ってからだろうか。2011年、テレビ東京で『勇者ヨシヒコ』シリーズが始まった頃だ。メジャー路線とは真逆のチープでバカバカしいパロディを大真面目な顔でやっている姿は視聴者に衝撃を与えた。そして2015年、山田孝之はさらなるディープな世界に足を踏み入れるのだ。

「これから流れる映像は山田孝之主演映画『己斬り《おのれぎ》』のNGカットである」と説明され、そのNGカットが映る中、「ん?」と首を傾げたくなるテロップが表示される。

「2014年夏　山田は東京都北区赤羽に移住した。そのきっかけとなったのがこの芝居である」

侍らしき役を演じる山田は、自らの首を斬ろうと刀を構える。しかし、斬ることができない。

撮影中止から数日後。山田は『己斬り』の監督・山下敦弘《やましたのぶひろ》を呼び出す。山田は「自分の『軸』がないから、役と自分を切り離せなくなった。自分らしい軸を作る作業をやってみたい」と言うのだ。そして、「自分が軸を見つけるまでの過程を山下監督に記録してほしい」と。

ここまでなら、悩める役者の言動として理解はできる。しかし、濃い無精髭を生やした山田は、そのために不可解な行動に出る。

自分らしく生きる赤羽の住民たちとの交流を描いた、清野《せいの》とおるのノンフィクション漫画『東京都北区赤羽』シリーズに感化され、役者をやめ赤羽に引っ越し生活をすると言い出したのだ。


一体どこまで本当でどこまで本気なのか？　それをどう見ればいいのか。

山田孝之が役者としての限界を感じ、赤羽での移住をスタートさせるシーンから『山田孝之の東京都北区赤羽』が始まった。本作の仕掛け人のひとりは、子供番組からトガッたお笑い番組やサブカル系の番組まで多種多様な番組（※1）を担当する構成作家・脚本家の竹村武司。本作を出発点に〝日本のテレビ界でもっともフェイクドキュメンタリーを手がけている構成作家〟と言っても過言ではない存在となった。いまでは山田孝之本人から「僕の頭脳」と評される竹村は、山田と本シリーズ以前からプライベートで友人関係にあった。

「当時は主演ストリートのど真ん中を歩く王道の大スター。横道にズレる前（笑）。芸能界という同じ大きな屋根の下にはいましたけど、住む部屋が違いすぎて、一緒に仕事をしようとは思ってませんでした」（竹村／※2）

ノンフィクション漫画の実写ドラマ化

そんな竹村のもとに、『森達也の「ドキュメンタリーは嘘をつく」』では編集を担当した松江哲明から『東京都北区赤羽』を実写ドラマ化したいという相談を受けた。

「なんとなくフェイクドキュメンタリー的なことをやりたいなと思ってたけど、どういう企画を立てたらいいかわからないところに、松江さんからヒントをもらった感じですね。それまでノンフィクション漫画をドラマ化するっていう発想がなかったので、それ自体新しかったと思うんですよ。設定がリアルの中でドラマをやるっていう発想を聞いたときに、なるほどこれだと思いましたね」（竹村）

竹村は今村昌平の映画『人間蒸発』（1967年）を事前情報なしで観て衝撃を受け、

テレビで『森達也の「ドキュメンタリーは嘘をつく」』と出会い再び感銘を受け、『放送禁止』なども見てフェイクドキュメンタリーという手法に興味を持った。

松江の相談を受ける少し前に、竹村は山田と会った際、映画『容疑者、ホアキン・フェニックス』（2010年）を俎上《そじょう》に載せ、最近フェイクドキュメンタリーが面白いという話もしていたばかりだった（※3）。

当初、山田孝之は、清野とおる役を演じる構想だったという。しかし、あるとき、本人役を演じるという発想が出てきた。

「いい企画になるときって2回ブレイクスルーがあるんですよね。ノンフィクション漫画を実写化しようというのが第1のブレイクスルーで、主人公を本人役にするというのが第2のブレイクスルー。2回あると特殊なものになるというのは、なんとなくいまでもあります。それを思いついたとき、すべてが開ける感じがありましたね」（竹村）

山田はこのオファーに即決だったという。そして演者・山田孝之、構成・竹村武司、監督・松江哲明という座組に、〝第2の監督〟として、松江とは旧知の仲である山下敦弘が加わった。

「山田孝之が〝役者としての軸を見失ったから赤羽に住みたい〟と最初に常軌を逸した大きな嘘をつく。そうすると、その後に起きることが全部嘘でも本当にみえる。嘘の世界で起きた本当のことなので。だからその嘘の強度を上げるために、山田くんに振り回される人が必要だということで、松江監督が山下さんをキャスティングしました」（竹村）
「監督というより監督役」だったと本作を振り返る山下は『リアリズムの宿』（2003年）、『リンダリンダリンダ』（2005年）などの劇映画を撮る一方で、平野勝之《ひらのかつゆき》やバクシーシ山下らが作るドキュメントAVに強く影響を受け、そのパロディとなるフェイクドキュメンタリー『その男、狂棒に突き♥』（2003年）などで「監督役」として出演しながら撮っていたから最適だった。『その男、狂棒に突き♥』は山下の中学からの友人・山本剛史《やまもとたけし》が警察官で汁男優の主人公を演じ、彼の意味不明な言動に周囲が振り回されていくコメディだ。
「2人とも映画が好きで中学のときに仲良くなって、当時から似たようなことをしてたんですよ。2人がケンカしているのをホームカメラで撮って友達に見せたり。たとえば5〜6人で遊んでいるときに山本くんが耳打ちをして小競り合いをする設定で突然ケンカを始

めたり。そういう人を騙す芝居で遊んでいたんですよね。それが俺のフェイクドキュメンタリーのルーツかもしれない」（山下）

ロケバラエティの手法

撮影中、山田は実際に赤羽にアパートの部屋を借りて住んでいた。だから、撮影の集合場所は山田の部屋。朝になると「今日の場所はどこだっけ？」「今日はどうしようか？」などと山田、竹村、松江、山下が打ち合わせをしつつ、「じゃあ、そろそろ移動しますか」と撮影が始まる。竹村が書く台本も「一応あった」というが、本人は「日本一セリフが読まれない脚本家」と自嘲する。

「なんとなくこのシーンではこんなシーンが撮れればいいなっていうゴールはあります。山に喩えると、ここの地点や山小屋を通過して、最後頂上に登りましょうという設計図みたいな台本ですね。それをどう登っていくかは山田くんが現場で自分で決めていく。1回下りたり、ヘリコプターみたいに一気に登ったり。だからほぼ現場の演出家ですね」（竹村）

松江はそれを一歩引いたところから見て、時にカンペで指示を出す。つまりは「ロケバラエティ」の手法だ。本作で特徴的なのは、その登場人物の多くが実際の赤羽の住民たちだということ。演技の素人だ。

「山田くんは『普段から（一般の人も）全員演技してんじゃん』ってよく言うんですよ。生きている上で全員何かしらの役柄を演じているんだから、別に上手下手は関係ない。そう座長（山田孝之）が言っているんで大丈夫だろうと（笑）。あと、僕らの中で、〝ちゃんとしてどうする？〟みたいなマインドがあるんですよ。成立してないのが面白いじゃんという気概が全員どこかにありましたね」（竹村）

そして住民たちの中でも、そのシーンでやろうとしている〝台本〟をある程度知っている人とそうでない人を混在させる演出を採った。なるべくどんな言動をするか予測がつかない〝不確定な人〟が混じっているほうが何かが起こりやすい。だから、一度カメラを回し始めると大体、30~40分は回しっ放し。ほとんど撮り直しもなく一発ＯＫだったという。

「人間ってカメラを構えると少し演じるんですよね。通常のドキュメンタリーでもそうでカメラを意識してスイッチが入る。だから、赤羽の人たちもカメラがあって、そこに山田孝之がいるという非日常的な状況は理解しているので、語弊はあるけど勝手に演じてくれていたところはあったと思いますね。それで彼らをちょっと刺激すると、途中から境界線がわからなくなって急に本気で怒り出したり、変な言動をしてくれる。それがやっぱりすごく面白かったですね。

あと、撮ってみて思ったのは山田くんの凄さ。赤羽の人たちの無意識を引き出すのがうまいんだよね。山田くんといるとワニダさんというタイ人の女性がうっとりしているし、一緒に買い物していると女の子っぽくなってかわいい。彼の独特の緊張感とオーラでみんなスイッチが入って勝手に動いてくれる。だから『赤羽』は本当にドキュメンタリーに近いと思いますね」(山下)

ツッコミ不在のWボケ

山田らは、赤羽の住民たちとの交流を経て中盤の第5話で、『ザ・サイコロマン』と題した〝ショートムービー〟を撮影する。〝原作〟は、居酒屋「ちから」のマスターがノートに殴り書きのように描いた漫画である。

「正義の味方サイコロマンは胸にサイコロの目のアザを持ち丁半勝負で悪を倒す」という設定。そのサイコロマンを山田、マスターが悪のボス、清野とおる演じるチンピラに連れ去られるヒロインを悦子ママが演じている。
「この子を離して欲しければ親の借金の肩代わりをしろ」というマスターの棒読みセリフに「俺には金はないけれど命をかけるぜ」とシャツを破り脱ぎ、サイコロマンに〝変身〟する山田孝之。丁半勝負に勝ったサイコロマンは「俺は弱いものをいじめたり汚い奴は許さないんだ」と決めゼリフを言うとマスターの歌う「世の中捨てたもんじゃないぜ〜」という調子外れのテーマ曲が流れる。

一体何を見せられているんだ？
ここに至り、我々視聴者の脳裏には「？」しか浮かんでこない。
「これは絶対世に出しちゃダメだよ。山田くんのキャリアも山下くんのキャリアも棒に振るぜ」

『ザ・サイコロマン』の映像を見せられた映画監督の大根仁《おおねひとし》は山下に釘を刺した。

「見ててヤバいな、鳥肌が立つくらい怖いなって思ったのが〝本気〟だってことだよね。これを本気で撮ってるっていうのが俺は一番ダメ」と。そして、赤羽に住んで変わってしまった山田孝之を「(赤羽に) 染まってるっていうかおかしくなってんじゃん!」と言い放った。

本作の放送が終わったばかりの頃、山下は「たぶん『ザ・サイコロマン』を撮っているあたりから、僕も変なゾーンに入っちゃったんですよ (笑)」(※4) とこのときのことを振り返っていた。当初は山田の言動に翻弄されながらも、ある種ツッコミ役として振る舞っていた山下敦弘だが、赤羽の住民ワニダさんから「ヒゲ、ちょっとヤダよ!」と言われ、あっさりトレードマークのヒゲを剃ってしまうほど、いつしか赤羽と山田孝之に染まって、いや、おかしくなってしまっているように見えた。大根のツッコミに対しても「勘違いされてるんだろうな、赤羽の街を……」と真顔で困惑する〝Wボケ〟状態になっていた。

「バラエティ番組で嘘の設定で進んでいくコント的な展開があったときに、顔を背けて笑いを我慢する仕草ってあるじゃないですか。僕はそういう演出をやりたくなかったんです。シュールって、いわゆる〝自分の味方が誰もいない状況〟だと僕は思うんですけど、画面の中に共感できてしまう味方が出た時点で視聴者はちょっと安心しちゃう。バラエティにおいてはそれも面白いんですけど、フェイクドキュメンタリーにおいてはそれをやらないという美学がありましたね。

山下さんも序盤は山田孝之にツッコんでいるんですけど、それは戸惑いのツッコミですよね。話数を重ねるにつれて山下さんも感化されてツッコミ不在になっていく。いま、テレビってツッコミ不在なんてあり得ないじゃないですか。だから、ツッコミがないということが、最大のアヴァンギャルドで、いまのテレビにはない形になる。まあ、それは後付けですけどね（笑）。『赤羽』の試写を見て気づきました」（竹村）

局内でおこなわれた第1話の試写では、不穏な空気になったという。何しろ、笑っていたのは、山田、竹村、山下、松江の4人だけ。他の人たちはわけがわからずポカンとして、ついには「これで大丈夫なのか？」と騒然となった。

「最初誰にも理解されていなかったのを覚えていますね。でも僕ら4人だけはすごく手応えがあって。やっぱり新しいことをやるときってすぐに理解されないし、絶対に反対者がいる。だから逆に『これはいける！』って言い合いましたね」（竹村）

果たして、山田孝之というメジャー俳優が仕掛けた『山田孝之の東京都北区赤羽』は視聴者を混乱の渦に巻き込みながらも、釘付けにさせ、フェイクドキュメンタリーの虚実皮膜の面白さを、世間に広く知らしめた。

「山田孝之は笑いながら人を殺せたり、真顔でうんこを漏らしたりできちゃいそうな人なんで、どこまでが本当でどこからが嘘かわからないようなフェイクドキュメンタリーが似合う人ですね」（竹村）

カンヌ映画祭への〝挑戦〟

そして『山田孝之の東京都北区赤羽』から2年後の2017年1月に再び4人が集結する。『山田孝之のカンヌ映画祭』（テレビ東京）である。『勇者ヨシヒコ』シリーズの第3作『勇者ヨシヒコと導かれし七人』の最終回の翌週からほとんどシームレスに始まった。

〝物語〟は、山下が山田に呼び出されるところから始まる。指定の場所に山下が向かうと、ヨシヒコの格好をした山田がいた。『ヨシヒコ』の撮影中だったのだ。

山田は「賞が欲しい」と言い出す。実際、これだけ活躍しながらも山田は映画賞とはほとんど無縁。日本アカデミー賞などの受賞経験はない。だから、世界有数の映画賞であるカンヌ映画祭のグランプリを山下と一緒に獲りたいと言うのだ。

元々この企画の発想は前作同様、あるノンフィクション漫画だったという。それは4人ともそれぞれ影響を受けたという相原コージ・竹熊健太郎による『サルでも描けるまんが教室』(1989~1991年、小学館)。これを映画に置き換えてできないかという着想だった。

「山田くんが映画賞を獲ったことがないという話になって、何かの賞を狙うのがいいんじゃないかと。アカデミー賞とかになるとエンタメすぎるというかギャグになっちゃいそうだから、カンヌがちょうどいいんじゃないかと」(竹村)

「最初は俺も、あ、面白そうだねってやっていたんですけど、結果、俺が一番しんどかったですね(笑)。別に自分はカンヌなんか意識してねえよと思っていたけど、やっぱり映画監督としてカンヌをネタにするとだんだん心が痛くなってくるんですよ。それこそ出演してくれた河瀬直美《かわせなおみ》さんに『山下くん何やってんの？』って怒られたりしてちょっと凹んでましたね。自分に直結する題材だったからしんどかった」（山下）

『山田孝之のカンヌ映画祭』は、大きく2つの軸で進行していく。ひとつは、カンヌ映画祭を獲るための作品を作るべく、キャスティングや撮影をしていく本筋の部分。もうひとつは、映画評論家・佐藤忠男《さとうただお》、映画監督・天願大介《てんがんだいすけ》、映画プロデューサー・安岡卓治といった映画関係者にカンヌ映画祭の知識を得るために話を聞いていく部分だ。カンヌのあるフランスにも飛び、現地の映画監督・ギヨーム・ブラックやプロデューサーのヴァンサン・ワン、ロカルノ国際映画祭プログラマーのオレリー・ゴデらにも話を聞いた。

「実際にフランスに行ってカンヌの関係者に話を聞いたときは山田くんも俺もほとんど演じていない。単なる映画小僧みたいで、すごく勉強になりました。あそこは完全にドキュメンタリーと言っていいんじゃないですかね」（山下）

山田孝之流の「挑戦シリーズ」

撮影は前作同様ロケバラエティの手法でおこなわれた。しかも今回は、バラエティのチャレンジ企画のフォーマットに近く、最初に達成が困難な高い目標を立てて、それに向けて奮闘する過程を描いた。竹村は、『赤羽』を撮り終えたとき、どこか既視感があったと言う。常軌を逸した人が何かおかしなことを言い出して周りが巻き込まれる構造――。それは『ダウンタウンのガキの使いやあらへんで！』（日本テレビ）だった。特に想起したのは松本人志が「走り高跳びの世界記録を出したい」「バスケットボールのアリウープを決めたい」「体操のつり輪で内村航平を超える回転技をやりたい」などといった無茶な挑戦を、浜田雅功、月亭方正、ココリコが黒子となり達成を目指す、いわゆる「挑戦シリーズ」だ。いざ、挑戦の段になると、言い出したはずの松本がやる気なく脱力して一切協力しない理不尽さも特徴的だ。

「結局やっぱり松本人志の影響かよ、とは正直思いましたよ（笑）。でも松本さんが急に『エビアン汲んできて』って言うのもそうだし、僕は『ガキ使』ってフェイクドキュメン

タリーの一種だと思っているんですけど、松本人志を山田孝之に置き換えているんですよね」（竹村）

中盤にはカンヌ受賞経験のある監督として河瀬直美が登場する。彼女はカンヌを獲るために映画を作ろうとしている山田たちに「映画はそんな不純な動機で撮るものではない」と諭し、映画作りとはこういうものだと教えるからと、山田孝之に河瀬組の短編に出演するように求める。それに対し、山田が一瞬本気で嫌そうな顔をしたように見えた。

「河瀬さんの申し出は、僕らとしては願ったり叶ったりでしたね。これは松江イズムなんですけど、台本で想定していないことが起きたら、それは全部取り入れようと。想定通りにならないから面白いんじゃんっていうのは、完全に松江さんから教えてもらいましたね。現場で生まれたものを優先していくほうが面白いんですよ」（竹村）

河瀬組の撮影が終わったとき、山田孝之は泣いていた。

「なんか…ツラかったですね」

涙を落とす山田を見て、河瀬直美は芦田愛菜を手招きして呼び寄せた。

「どうしたんですか？」

芦田の問いかけに首を振る山田。

「どうしたんだろうね……、わからない」

河瀬は彼に「自分の居場所ってある？」と尋ねた。

「それをなんか考えてましたね。たぶんずっと探してるんですよ、小ちゃいときから」

「河瀬組へようこそ」と微笑む河瀬に「しんど……」と山田はつぶやいた。


河瀬組は最少人数で撮影するため、山下は下で待機していた。すると撮影が終わって降りてくる人がみんな泣いているのに驚いた。「すごいものが撮れた！」と松江哲明も興奮していた。実は山下は学生時代、河瀬組の現場に手伝いとして参加している。だから、その独特な演出法の凄さも体感して知っていた（※5）。

「河瀬さんの演出ってカウンセリングに近いんだよね。『山田くんの居場所ってどこなん？』とか言って。あの人、目力がすごくてガン見しながら話すから逃げられないんですよ。だから俺も河瀬さんから『山下くん、何やってんの？』って言われて真に受けて落ち

込むんだけど、大阪から東京に戻る途中で我に返って『なんか俺、あのときおかしかったな』って気づく（笑）」（山下）

自分を演じることへの不安

山田がカンヌ映画祭のために構想した映画は、実在する連続殺人犯エド・ケンパーをモチーフにし、「親殺し」をテーマにした『穢《けがれ》の森』。従来の映画製作の常識に囚われたくないという思いから、脚本を作らず、漫画家の長尾謙一郎《ながおけんいちろう》によるイメージ画をもとに撮影していくという。

「その世界観において将棋でいう〝桂馬《けいま》飛び〟くらいのフェイクなら許されるんですよ。あまりにもぶっ飛びすぎると冷めてしまう。だから山田孝之が映画を作るにあたって『脚本いらないです。絵が脚本です』って言うのも、ぶっ飛んではいるけど山田孝之なら言いそうっていうのがあるじゃないですか」（竹村）

さらに山田は、自分はプロデューサーに徹し、出演しないと言い出す。その代わりに主演俳優としてキャスティングしたのが、まだ小学6年生だった芦田愛菜だった。意表を突きつつ、どこか納得感もある抜群のキャスティングだった。

ただ、撮影を始めて山下は、芦田と山田の役者としてのタイプの違いを感じていた。山田は本人役を厭《いと》わない。しかし、芦田は当時、それに抵抗感があったのではないかと言う。

「芦田さんはやっぱり役者なんですよ。役者として俺らと一緒にやってくれた。だから、大変だったと思いますよ。役者として役を演じられないストレスが。実は1か所だけ何度も撮り直ししたシーンがあったんです。芦田さんが芝居のスイッチが入ってしまった瞬間を山田くんはすぐに見抜いて芝居をさせなかった」（山下）

芦田の役者としての葛藤を山下がすぐに察知したのには理由がある。2007年、山下は谷村美月を主人公にしたフェイクドキュメンタリー『谷村美月17歳、京都着。恋が色づくその前に』（関西テレビ）を演出しており、同様の経験をしていたからだ。編集は松江哲明。2人が仕事として初めて組んだ作品だ。

谷村美月は本人役。仄かに恋心を抱く幼馴染《おさななじみ》の「お兄ちゃん」に会うために京都を訪れるが、彼に同棲中の恋人がいてショックを受けるという3日間の物語だ。

しかし最後に〝異変〟が起こる。

撮影を振り返るインタビューを撮っていたときだ。設定を守りつつインタビューに答えていた谷村が突然涙ぐみ始める。山下は戸惑いつつインタビューを続けるが、たまらず「もういっか！　もういい」と設定を降りて笑い合う。そして谷村は涙ながらに「自分はなんでこんなことしてるんだろうなあって」「なんだろうな？」「怖いんですよね」「どうしたんだろう、今日は……」と自分自身に戸惑いながら〝本音〟を吐露するのだ。

「谷村さんも、ちょっと芦田さんに近いかもしれない。本人役を演じることへの抵抗が大きかったんですよね。撮影の終盤、話を聞いていたときに泣いちゃったんですよ。それは想定外だった。彼女たちのように自分を演じることへの不安とか違和感がある役者さんも多いんですよ。作品自体は嘘とかホントとかどうでもいいみたいに終わるんですけど、谷村さんのいい表情がいっぱい撮れていましたね。いま、嘘ついてるなっていうのも含めて、かわいらしい。あのときは俺と脚本の向井康介とカメラマンの近藤龍人《こんどうりゅうと》の3人で撮影してたんですけど、3人とも谷村さんが帰った後、失恋したみたいになっちゃって（笑）。素敵な3日間でしたね」（山下）

『谷村美月17歳、京都着。』は最後に「この番組はフィクション部分とノンフィクション部分とで構成されています」というテロップが表示されているところで、谷村美月が「この物語は、全部ウソにしてほしいです」と可憐に微笑んで幕を閉じる。

編集を担当した松江哲明は「ドキュメンタリーだけでは撮れない、フェイクが交じるからこそ出せる本音に近いセリフが記録されていると思う」（※6）と振り返っている。

「フェイクドキュメンタリーには、本人の無意識が映る瞬間がやっぱりあると思いますね。自分の言葉で喋っているし、自分が考えたことで動いているからどうしても、無意識の部分はカメラに映ってしまう。芦田さんや谷村さんがしんどいと感じたのは、無意識を撮られたくないし、見せたくないという役者ならではの感覚だと思います。でも山田くんは、その無意識に一番リアリティがあって、一番面白いってわかっている。

劇映画でも俺は役者の無意識が映っている瞬間に説得力を感じるんです。『天然コケッコー』（2007年）を撮ったとき、試写を見て夏帆さんが『すごく恥ずかしい』って言ったんですよ。芝居した感じがしない、自分が無意識で動いているものを見せられている感じがすると言われたときに、ああ、なるほどって思ったんです。

役者が自分の芝居を見て、ここの動きがいいなみたいに言うところが、実は一番芝居としてつまらなくて『え？　私、こんなことしてたの？』っていう芝居のほうが面白いと思うんです。フェイクドキュメンタリーは、たぶんそういう無意識な動きとか言葉がついつい出てくる。それが自分が一番惹かれるところですね」（山下）

フェイクの果汁

竹村は『赤羽』と『カンヌ』の間に、松岡茉優と伊藤沙莉主演で、清野とおるの原作マンガをフェイクドキュメンタリー化した『その「おこだわり」、私にもくれよ!!』（２０１６年、テレビ東京）を制作（竹村が脚本、松江が監督）している。

松岡と伊藤は他人にはなかなか理解できないこだわりをもった人＝「おこだわり人《びと》」を取り上げるバラエティ番組のＭＣという設定。しっかり準備をしてちゃんと番組を成立させようとする松岡に対し、自由奔放に振る舞う伊藤。あろうことかこの撮影がきっかけで知り合い、付き合うことになった漫画家の大橋裕之《おおはしひろゆき》を撮影にも連れてきてイチャイチャしたりもする。ついには、松岡の前でキスまでするのだ（※７）。

「フェイクドキュメンタリーを作るときって、山田孝之もそうですけど、やっぱり本人とたくさん喋るんですよ。やっぱり本人役である以上、全然違うキャラクターを演じられないんで。松岡さんは山田くんと違って何を考えているかわからないタイプではなくて、考えすぎな人。全方位に悩むから面白い。その一方で山田くん同様、客観的に自分を見ている自分もいる。考え過ぎの松岡さんに対し、伊藤さんの劇中のキャラクターは『いいじゃん、そんなの』っていうガサツなキャラなんですけど、実は気遣いの人。ガサツを演じているだけだって撮影を重ねる中で気づくんですけど。あと稀代《きたい》の人たらしですね」（竹村）

実際、劇中でも伊藤は松岡以上に下調べをし、すべてをわかった上で自由に振る舞っていたことが明かされる。

「僕はよく〝フェイクの果汁〟って言い方をするんですけど、ジュースの中にどれくらい果汁が入っているかみたいにフェイクの濃度は作品によって違う。それで言うと『おこだわり』がたぶん一番フェイクが強い。『赤羽』が一番少なくて、ドキュメンタリー要素が強い。ちょうどいいのが『カンヌ』。最初（フェイクの果汁を）少なくして、後半にめっちゃ多くして、最後にバランスを取った感じでしたね」

〝崩壊〟する現場

『山田孝之のカンヌ映画祭』の劇中映画『穢の森』で主人公の父親役にキャスティングされた村上淳に山田は、首吊りパフォーマー・首くくり栲象《たくぞう》の指導のもと、実際に首を吊ることを求め、それが危険と判断すると「木」役に交代した挙げ句、結局降板させた。母親役の長澤まさみに対してはヌードになることを要求すると「いまの自分が脱ぐと日本ではそこだけしか注目されなくなる」というぐうの音も出ない正論で承諾してもらえず頓挫《とんざ》。母親役は美術チームが急ピッチで作った長尾のイメージ画を再現したオブジェで撮影することとなった。

クランクイン当日。

そのオブジェの実物を見て納得がいかない山田は撮影の延期を主張する。なんとか撮影を始めたい山下は山田を説得するが、山田はその「妥協」が許せない。

「妥協、妥協、妥協で。いままで通り仲いい人と楽しんでやればいいいんじゃないですか？」

山下の映画監督としてのプライドを深く傷つける言葉を吐く山田は「帰っていいです、いらないです」と監督という任まで降ろしてしまう。

「ホントに終わりなの？」

何度も振り返りながらその場から離れ、ついに走り去る山下。するとその先のほうでオブジェが大爆発するのだ。

監督は代わりに自分がやるという山田。「心配はしないでください」と今後のことを芦田に説明する山田の言葉を遮って、初めて芦田が強い口調で言った。

「山田さん、何がやりたいんですか？」

そして「ごめんなさい」と芦田も去っていくのだ。現場は完全に崩壊した。

竹村が手がけるフェイクドキュメンタリーはそんな「崩壊」が描かれることが多い。

「〝崩壊〟にこそ、やっぱり人間らしさがあらわれると思うんですよね。崩壊するということは、何かを目指して建てたい城があったはずで、そこに人の思いが一番出るんですよね。ジェットコースターみたいなもので、より上がってより落ちていく。その落ちていく一瞬に人間らしさが出る。思っていたことと違うときに人間の言葉は出る。だからフェイクドキュメンタリーは人間らしい物語になっていきますね」（竹村）

山田孝之が送る「元気」

2作のフェイクドキュメンタリー・ドラマで大きな話題を生んだ4人は、今度は『緊急生放送！山田孝之の元気を送るテレビ』（2017年10月6日、テレビ東京）というバラエティ番組の生放送を敢行する。これは当初『山田孝之の演技入門』と題した番組だとアナウンスされていたが、急遽変更したという体裁で放送された。

山田はスタジオで椅子に座り、目を閉じて「元気」を送っている。この放送を見て何か不可解なことや変化が起こったときにはＴｗｉｔｔｅｒやメールで情報を寄せてほしいと視聴者に呼びかける。

「もうドキュメンタリードラマという形はやりきった感があったんですよ。それで、みんなが影響を受けたテレビ番組の話をしているときにユリ・ゲラーの話が出てきたんです。

ユリ・ゲラーもある種、フェイクドキュメンタリーじゃないですか。『時計が動きます』って言ったら、ホントに動きましたという報告が来る。そういうのをやろうと。だから生放送ありきの企画ですね」（竹村）

放送中、山田孝之は「元気」を送ることに集中し、一言も発しない。すると視聴者から「寝たきりのおばあちゃんが元気になりました」「引きこもりだったけど外に出かける勇気が出ました」「四十肩が治った気がする」などと続々と〝報告〟が寄せられるのだ。

喋らない山田に代わり、仕切りや状況解説を一手に引き受けたのがいとうせいこうだ。「急に番組が変わって生放送になり、山田孝之が変になるという設定が最初に決まっていて、その段階で大真面目に現場を仕切ってくれる人が必要だって話になったんです。芸人さんがそれをやっちゃうと嘘の象徴みたいになっちゃうから、ちゃんと真面目に見える人がいいと考えるとせいこうさんしかいないと。

隣で進行する水原恵理《みずはらえり》アナウンサーもバラエティ系でなく報道の方で。せいこうさんを交えた5人の会議が僕の放送作家人生で一番くらい楽しかった会議ですね。せいこうさんは全部を理解した状態でいろいろアイデアを出してくれました」（竹村）

エンディングでは、バンド「溺れたエビ！」のライブパフォーマンスがおこなわれ、その演奏に合わせ出演者たちが踊り、いとうせいこうは視聴者からの投稿をポエトリーラップのようにエモーショナルに読み上げる。そんな中、山田孝之は鎮座したまま「元気」を送り続けている。それは狂騒の宴だった。

「最後、バンドが出てきてみんなで踊り狂って、わけのわからないカオスな状態のまま終わるというのは、『赤塚不二夫の「激情Ｎｏ１」』（※８）みたいなことがやりたかったんですよ。

そのバンドに『溺れたエビ！』を起用したのもせいこうさんのアイデアですね。僕もちょうど『ＢＡＺＯＯＫＡ！！！』（ＢＳスカパー！）で彼らのライブを見ていたんで抜群にいいですねってなった。投稿を読むっていうのは決まっていたんですけど、ポエトリーリーディングみたいになったのは、完全にせいこうさんのアドリブ。本当に〝ライブ〟でした。

あの番組は本当に楽しかったですね。松江さんもキャリアの中で一番楽しかったって言ってました。全員、得も言えぬ高揚感がありましたね」（竹村）

山田孝之の本気

山下も「これがテレビの生放送か！」と興奮した。寄せられた投稿を瞬時にさばいていく竹村を見て「カッコよく見えました」と笑って述懐している。

「山田くんが演じるフェイクドキュメンタリーに惹きつけられるのは、山田くんが半分〝本気〟だからだと思うんですよ。『元気を送るテレビ』のときも、3分の1くらいは本気で元気を送っていたのかもしれないし、『カンヌ』のときも20％くらいは本気で賞を狙っていたのかもしれない。自分の言葉で自分の考えで動くことは、役者として解放感があったんじゃないですかね。

結局、『赤羽』も『カンヌ』も『元気を送るテレビ』も全部剝がしていくと、男の子のイタズラなんですよね。驚かせて笑わせたいという純粋な思いでしかない。その純度が一番高いのが山田くん。男子が集まってみんなを騙そうぜっていう気概で動いていた感じがしますね。それに（放送が）テレビ東京の深夜というのが一番マッチしたんだと思います」（山下）

ちなみに『山田孝之の東京都北区赤羽』では「このドラマはフィクションです」などの注釈は表示されていなかったが、「このドキュメンタリーは〝本気〟です」とテロップを入れる案もあったという。

「不親切に作って、視聴者を混乱させるのが好きです。きっと愉快犯気質なんだと思います」（※2）と自己分析している竹村は、その後も、フェイクドキュメンタリー的作品を精力的に作り続けている（※9）。「序章」でも触れたように、既製品ばかりになってしまったテレビのカウンターのひとつとしてフェイクドキュメンタリー的手法を使っている。

「やっぱり僕はフジテレビの深夜黄金時代の番組を見てテレビをやりたいと思った人間です。あの頃の番組は一個一個がぜんぜん違うフォーマットで〝何なんだこの番組？〟っていうのがいっぱいあったんですよ。

昨今はみんな〝笑えるか・笑えないか病〟になってしまっていて、〝面白い＝笑い〟なんですよね。それで失われてしまった面白さがあるような気がするんです。もっといろんな面白さがあっていいじゃんってこと。どうしても笑わせなきゃいけないみたいな強迫観念にとらわれがちですけど、別に笑わせなくてもいいのではないかと思います。極端に言えば、どこかで見たことがあるような番組を作るんだったら、奇をてらったほうがいいじゃんとさえ思いますね。

テレビがいつも優しいと思うなよと。僕らが90年代に見ていたテレビって、品行方正ではない、うさんくさい親戚のおじさんが映ったテレビがいっぱいあった。〝なんなんだこの人、何言ってんだろう？〟みたいなのがいっぱいあって、そこが面白かった。でもいまは学級委員みたいな番組ばかりになっている状態なので、そういうわけがわからないおじさんがいてもいいじゃんと思うんですよね」（竹村）

『山田孝之』シリーズは、その本気なイタズラ心で「わかりやすさ」や「正しさ」が求められる現在のテレビを嘲笑《あざわら》うかのように、虚実の境界をぐちゃぐちゃにし、ドキュメンタリーとドラマ、そしてバラエティというジャンルの境界を軽やかに行き来する。そうして、マイナーとメジャーの境界も飛び越えたのだ。

※1　『光秀のスマホ』シリーズ、『魔改造の夜』、『植物に学ぶ生存戦略 話す人・山田孝之』、『アイラブみー』、『ゴー！ゴー！キッチン戦隊クックルン』（以上、NHK）、『サ道』（テレビ

東京)、『タモリ倶楽部』、『くりぃむクイズ ミラクル9』(テレビ朝日)、『ジョンソン』(TBS)、『新しいカギ』(フジテレビ)、『ダウンタウンDX』(読売テレビ)、『BAZOOKA!!!』(BSスカパー!)など

※2 「マイナビニュース」2021年10月3日より

※3 『赤羽』の第1話で山田の部屋のDVD棚にはその『容疑者、ホアキン・フェニックス』の他、ドキュメンタリーAV『テレクラキャノンボール』、森達也の『A』や『A2』、『陸軍登戸研究所』、『2H』、『鬼に訊け』などのドキュメンタリー作品が置かれていた。

※4 『21世紀深夜ドラマ読本』(洋泉社MOOK)より

※5 山下は2005年、『道』(別題『子宮で映画を撮る女』)というフェイクドキュメンタリーを制作している。主人公は女性映画監督。彼女の独善的な演出で現場が大混乱に陥り、崩壊するという本作の原型とも言える作品。ちなみにこの主人公のモデルが河瀬直美ではないかと言われているが山下曰く「あんまり意識してなかった」。

※6 松江哲明:著『セルフ・ドキュメンタリー』(河出書房新社)より

※7 松岡の出演作『桐島、部活やめるってよ』のオマージュでもあったという。

※8 『私がつくった番組 マイテレビジョン』(東京12チャンネル)で1973年に放送された伝説的な番組。佐藤輝《さとうてる》演出。紙吹雪が舞う中、赤塚が「ギンギンギラギラ夕日が沈む〜

♪」と童謡「夕日」などを歌い、意味不明に踊り狂うシュールな作品。

※9 斎藤工がお笑い芸人「人印（ピットイン）」として『R－1ぐらんぷり』に出場するまでを追う『MASKMEN』、蒼井優がナビゲートし、各回のゲストが自身の選んだ漫画の〝実写化〟に挑戦する『このマンガがすごい！』（ともに2018年、テレビ東京）、TEAM NACSによる『がんばれ！TEAM NACS』、眞栄田郷敦がウォーズマン役、綾野剛がロビンマスク役で『キン肉マン』の実写映画化を目指す『キン肉マン THE LOST LEGEND』（ともに2021年、WOWOW）など。

※特に注釈のない竹村武司氏・山下敦弘氏の発言は、2023年にそれぞれ個別に実施した取材時のもの。

ミニコラム⑥

70年代「脱ドラマ」「ドキュメンタリードラマ」の挑戦

50年代末頃から一気に普及したテレビは、60年代にドラマ・バラエティ・ドキュメンタリー・報道と各ジャンルでテレビならではのスタイルが確立されていった。そんな中、70年代に入ると、それを批評的に問い直す制作者たちが登場する。たとえば、『ウルトラマン』の脚本でも知られる佐々木守《ささきまもる》は、1970年から1971年に『お荷物小荷物』（朝日放送）を制作。通常のホームドラマかと思いきや、主演の中山千夏《なかやまちなつ》がプロデューサーや共演者にインタビューを始めたり、セリフの言い間違い、つまりNGシーンをそのまま中断することなく、やり直したり、「セリフだから仕方ないけど、僕なら、こんなことはやらないね」と役者本人の言葉を喋りだすこともあった。この手法は「脱ドラマ」と呼ばれた。佐々木の考える「テレビ」とは、「果てしのない時間の流れを、とにかく便宜的に区切った『番組』の総体」でしかない。つまりドラマであろうが、報道、バラエティ、音楽、スポーツ……、何であろうが、それらは何の区別もない「番組」にすぎない。「テレビは基本的に、ダラダラとした時間の総体としてのドキュメンタリー」であるならば「うつっている人間」をドキュメントすることこそがテレビの演出なのだと考えたのだ（※中山千夏『芸能人の帽子』）。

ドラマともドキュメンタリーとも言えないような独特な詩情あふれる映像で魅了したのはＮＨＫの佐々木昭一郎《ささきしょういちろう》だ。『マザー』（１９６９年・１９７１年）、『さすらい』（１９７１年）、『夢の島少女』（１９７４年）、『紅い花』（１９７６年）などで数多くの賞を受賞。あえて演技の素人を起用し、ドラマのリアリティを問い直した。

『苦海浄土』（１９７０年、ＲＫＢ毎日放送）で俳優の北林谷栄《きたばやしたにえ》に盲目の旅人を演じさせた木村栄文《きむらひでふみ》は「ドキュメンタリーは自分の思いを描く創作である」と断言。『まっくら』（１９７３年）では、リポーター役を木村自らが演じ、紋切り型の質問を繰り返す彼は、川へ突き落とされる。閉山を前にした筑豊《ちくほう》を陳腐な常套句《じょうとうく》でしか取材できなかった過去の自分や類似作を笑い飛ばしたのだ（※『放送研究と調査』２０１２年９月）。

主要登場人物もすべて俳優が演じ、筑豊に生きる人々の情念の世界を虚構と現実が混ざった形式でイキイキと表現した。

『７人の刑事』（ＴＢＳ）などドラマ畑を歩んできた今野勉《こんのつとむ》はＴＢＳから独立しテレビマンユニオンを創設するとドキュメンタリーにも進出。そのひとつが『遠くへ行きたい』（１９７０年〜、読売テレビ）だった。いまでこそ伝統的な紀行番組になっているが、開始当初は実験的な番組だった。旅人は永六輔。永はこれまでの旅番組の常識を覆し、訪れた地方の人々の話を聞く自分をそのまま撮ってほしいと提案した。いまでは当たり前の手法だが当時日本では同時録音ができる機材を使った例がなかったため斬新だった。その初回で同時録音ならではの〝事件〟が起こる。石川啄木記念館に展示されていた、啄木が知人に借金を乞う手紙を永が声に出して読んでいるところを撮影したときだ。手紙を読み終えたとき、今野は「はい、カット」と声を上げた。それと同時に照明も消える。しかし、永は、読んだ手紙に目を向けたまま動かないのだ。

今野は「はい、カット」という声も含めてそのシーンを使うことにした。案の定、試写では「NGシーンが残っている」という指摘もあったが、もちろん意図的なものだった。カットがかかった後のことこそ「事実」だと感じたからだ。ドラマ畑でキャリアを進んできた今野にとって、「『事実』とは何か、『事実を知らせる』とはどういうことか」という問いが生まれた瞬間だった（※今野勉『テレビマン伊丹十三の冒険』）。

2クールを放送すると、永六輔は降板。代わりに旅人に起用されたのが五木寛之、野坂昭如、立木義浩、そして伊丹十三だった。行き当たりばったりのドキュメンタリー性こそ是とした永に対し、当初、伊丹は

〝準備〟をした。いわば「仕込み」だ。ドキュメンタリーに何も用意せずに出るのが怖かったのだ。これに対しカメラマンの佐藤利明が異議を唱える。

「事前にこんな仕込んで、それを撮るだけでは、旅の出会いが撮れないじゃないですか。旅っていろんな〝出会い〟でしょ」

この言葉に「怖かった」と正直に吐露した伊丹は、ドキュメンタリーに〝開眼〟することになる。

「ゲイジュツ写真大撮影 白樺湖へロへロの巻」（1971年）と題された回では、今野が「白樺湖へ行ってみたら、霧が出なくて、カメラマンなどのスタッフが、万が一のために持ってきていた発煙筒を焚いて大苦労をし、その場面を別のカメラがこと細かに撮る」という〝遊び〟の提案をすると伊丹も乗った。もちろん、〝遊び〟といっても、その真意は、撮影における事実と虚構について考える、というところにあった。カメラは湖で懸命に「霧」を作ろうとするスタッフたちを映し出す。そんなニセ霧作りのすぐ後のシーンでは、本物の霧に包まれた草原が映し出されるのだ。この霧は本物だという説明は番組中一切しなかった。

「天が近い村」（1973年）と題された回では、伊丹が長野県の集落・新野《にいの》を訪れる。その山道を子供たちに囲まれて、「ムコー、ムコー」と呼ばれながら、和服の正装をした青年がやってきた。婿の行列が花嫁を迎えに来る、村独特の結婚式がおこなわれていたのだ。その式を見守った伊丹自身によるこんなナレーションが入る。

「両親が万感の思いを話して、いつまでもいつまでも手を打ち振る中を、花嫁の行列は、山道を次第に遠ざかっていくのである。……と言いたいところなのですが、実は、これは、全部、村の人のお芝居なのです」

つまり結婚式はフェイクだったのだ。事前のロケハンの際、「婚礼なんかが撮れればいいんだけどな」とスタッフが言ったのを受けて村人たちが好意でやってくれたのだ。画面にはキャスト表なども映し出され、最後に伊丹のナレーションはこう締めくくられる。

「えーこういうのは嘘だから放送しないほうがいいとあなたは思われますかね、でも嘘を承知でも、下栗の人々が村中総出で誠意を込めて一芝居を打ってくださったということは、あくまでも現実でしょう。どうもいま思うとすべてが白日夢のように思えてくるのですがともあれ、コトの賛否はテレビをご覧のみなさまにお任せしたいと思う」

紛れもないフェイクドキュメンタリーだ。

その後も今野は伊丹とのコンビで『天皇の世紀』第2部（1973年、朝日放送）など虚実皮膜の作品を作っていく。そして、テレビ史に残る傑作『欧州から愛をこめて』（1975年、日本テレビ）に至るのだ。第二次世界大戦末期、海軍軍人の勝村義朗（仲代達矢）による終戦のための和平工作を主題とした作品。実在の関係者が本人役で出演したり、物語の中でリポーター役として伊丹十三が登場したり、ドキュメンタリーとフィクションが融合した作品。のちに「ドキュメンタリードラマ」などと呼ばれるドキュメンタリーやドラマの表現方法を開拓した作品だ。リアルに感じさせながら、視聴しているほうが混乱してしまわないようにするにはどうすればいいか。そこで考え出されたのがテレビで日常的におこなわれている「中継の実況」だった。その実況リポーター役には、今野の考えを熟知した人物である必要があった。だとすれば、それは伊丹十三しかいなかった。永と伊丹の2人は各ジャンルを融合させながら、テレビの持つ「自由」な表現を模索していったのだ。

Ⅶ 世間を歓喜させたデタラメでべらぼうな〝フェイク〟

〜『TAROMAN 岡本太郎式特撮活劇』(2022〜2023)

2020年代に入り、フェイクドキュメンタリーで最大のヒットとなった作品と言えば藤井亮《ふじいりょう》による『TAROMAN 岡本太郎式特撮活劇』(NHK Eテレ)だろう。各話わずか5分の全10話。しかも不定期の放送ながら、その作り込まれた異質な映像は強烈なインパクトを視聴者に与えた。放送から1年以上経った2024年でも、何度となく関連番組が再放送され、もはや定番作品となった。

〝幻の昭和特撮ヒーロー作品〟という体裁の本作は、視聴者の脳裏の奥底にある〝懐かしさ〟を刺激した。そして視聴者はその設定に喜んで〝乗っかった〟。主にインターネット上での乗っかる文化に〝訓練〟されていた視聴者は競い合うように、『TAROMAN』を70年代特撮作品として楽しんだ。いわば、〝乗っかるエンターテインメント〟として『TAROMAN』は、世間に広く受け入れられたのだ。

なぜ多くの視聴者が、『TAROMAN』というフェイクの仕掛けに乗っかり、いわば〝共犯関係〟になったのだろうか。

突如あらわれた芸術の巨人

「なんだこれは！」

2022年の夏、NHK Eテレで突如、謎の番組が放送され、視聴者を混乱の渦に巻き込んだ。画面にあらわれたのは、岡本太郎《おかもとたろう》の思想を具現化したでたらめな動きをする巨人「タローマン」だ。謎の「奇獣」と対峙《たいじ》している。

「1970年代のある日、世界をべらぼうなものが襲い始めた」

そんなナレーションとともに「奇獣・森の掟」があらわれる。

「各地は大混乱。『なんだこれは！』の大熱唱。まさに地球危うしといった状況でございます」

ニュースでは、いかにも昭和な口調の女性アナウンサーの声。「どうすればいいんですかね？」という問いに〝博士〟はこう答える。

「でたらめにはでたらめなもの、べらぼうなものにはべらぼうなもので対抗するしかありません」

そこにあらわれたのが芸術の巨人・タローマン。太陽をモチーフにした顔、胸には巨大な目玉模様。細身の銀色の身体をクネクネと揺らしている。

オープニングでは、どこかで聴いたことのあるような勇壮なメロディに岡本太郎の言葉でつくられた、いかにも昭和特撮ソングな曲が流れる。

♪爆発だ！　爆発だ！　爆発だ！　芸術だ！
べらぼうな夢はあるか？　でたらめをやってごらん
自分の中に毒を持て　自分の運命《さだめ》に盾を突け

そして「でたらめをやってごらん」というサブタイトルが映し出される。

『ＴＡＲＯＭＡＮ』は１９７０年代に放送された特撮作品だという。もちろん、それはフェイク。ネタばらしがなかったことや、本編終了後にサカナクション・山口一郎がタローマンマニアとして愛を語るインタビューパート「ＴＡＲＯＭＡＮと私」が挿入された構成の妙もあり、本当に１９７０年代に実在していたと勘違いする視聴者も少なくなかった。また、特撮マニアや岡本太郎ファンを唸らせる精緻な作り込みと絶妙な小ネタでＳＮＳで話題に火がついた。その反響の大きさから最終回の放送を待たずに、２夜連続で全10話をまとめて再放送されることが急遽決まるほどだった。

『ＴＡＲＯＭＡＮ』は元々、「展覧会　岡本太郎」のＰＲ番組として制作された。監督は藤井亮。『テクネ 映像の教室』（２０１２年〜、ＮＨＫ Ｅテレ）の委嘱作品「サウンドロゴしりとり」などで共に仕事をし、藤井亮の企画力や制作力を目の当たりにしたＮＨＫエデュケーショナルのプロデューサーの倉森京子《くらもりきょうこ》が、藤井に白羽の矢を立てた。「岡本太郎の言葉を伝える番組」というオーダーだった。

「岡本太郎関係の番組って、NHKではドキュメンタリーからドラマまでほとんど全部やってしまっているという状況で、そうではない、何か面白いことをやりたいというのがあったんです。それで、太陽の塔を実際に見た人はみんな想像すると思うんですけど、太陽の塔からレーザーが出て街を焼き払っているようなイメージが浮かんできたんです。それを映像化したら楽しいんじゃないかって」（藤井）

70年代の怪獣ブーム

最初は、岡本太郎の言葉を歌にしてミュージックビデオのようなものを作る案などと混ぜて恐る恐る提案したが、『TAROMAN』の案が一番ウケが良かった。岡本太郎記念現代芸術振興財団から怒られるのではないかと心配したが、むしろ「こういうのがやりたかったんです！」と喜ばれた。藤井は本作の監督のほか、企画、構成、脚本、キャラクターデザイン、イラスト、光線アニメーション、小道具まで担当することになった。

『TAROMAN』が放送されたという設定の1972年は、1970年に開催された大阪万博の余韻冷めやらぬ頃。岡本太郎は「太陽の塔」をつくり、いわばもっとも勢いがあった時期。現代では浮いてしまいかねない岡本太郎の過剰な熱量の言葉も、70年代の世界観なら違和感なく受け入れられるのではないかという目論見もあった。

加えて70年代初頭は、特撮の世界でも「第2次怪獣ブーム」あるいは「変身ブーム」と呼ばれる時代だった。「第1次怪獣ブーム」は1966年が起点と言われている。『ウルトラQ』や『ウルトラマン』（ともにTBS）、『マグマ大使』（フジテレビ）がヒットした。しかし、1968年頃になるとブームは収束していった。

それから3年後の1971年、『帰ってきたウルトラマン』（TBS）や、『宇宙猿人ゴリ』『スペクトルマン』（フジテレビ）の放送を機にブームが再燃。さらに『仮面ライダー』（NET、現・テレビ朝日）もスタート。「変身ブーム」とも呼ばれる所以である。『TAROMAN』は、そんな各局が競い合うように特撮ドラマを放送していたさなかに、産み落とされた知る人ぞ知るカルト作品だったという設定だ。

とはいえ、藤井亮は1979年生まれ。その時代をリアルタイムには体感していない。しかも、その世代は、幼少期、『ウルトラマン』や『仮面ライダー』の新作が制作されていない特撮谷間の世代だ。

「実は今回の特撮周りのスタッフは、全員平成生まれなんです。僕も含めて『ＴＡＲＯＭＡＮ』が放送されていた設定の１９７２年以前に生まれた人がいない。特撮をメインでやってくれた石井那王貴《いしいなおき》（特殊映画研究室）くんも１９９１年生まれ。当時の特撮がすごく好きで研究している人。全員リアルタイムじゃないからこそ、余計に憧れとか作ってみたいという情熱があったんだと思います」（藤井）

特撮制作スタッフのほとんどは、ＳＮＳなどでその愛好者を見つけて声をかけて集めた。『ＴＡＲＯＭＡＮ』は、実相寺昭雄《じっそうじあきお》も撮った『ウルトラセブン』っぽいと視聴者から言われたり、ピープロ（※１）作品っぽいなどとも言われ、ＳＮＳ上でその元ネタ探しも盛んにおこなわれた。

「具体的にひとつの作品をイメージするというのはなかったです。作る際に『ウルトラマン』っぽくしようと言ったら、みんな『ウルトラマン』を目指して『ウルトラマン』に寄せすぎたものになってしまう。だから、具体的にこれとは言わずに、片っ端から当時の特撮作品を見て、その世界観を自分の体に染み込ませて作っていきました」（藤井）

本歌取りの名手

藤井は「実在しないけれど、それっぽいものを作る」ことが好きで得意だと自己分析している（※２）。糸井《いとい》重里《しげさと》がプロデュースし、藤井が監督・企画・アニメーションを手がけた藤子・Ｆ・不二雄ミュージアムのオリジナル短編映像『セイカイはのび太？』（２０２０年）は、『ドラえもん』第46巻という実在しない世界を藤子タッチで描き、「セイ貝」という原作漫画には登場しない「ひみつ道具」を創作した。ちなみに藤井は学生時代にも学園祭で、全員、藤子不二雄キャラのコンセプトカフェ「藤子Ｂａｒ不二雄」を作るほど藤子不二雄作品愛好家。原作漫画を読み込み設定的にその世界観を再現させた。「具体的なパロディというよりは、そういう世界観のニセモノを作っている感じ。シミュラークル的なもの」と藤井は自身の作風を形容する。ディテールがしっかりしていないと、ただの真似になってしまい、「ニセモノ」には見えなくなってしまう。「そのジャンルのエッセンスだけを引き出してかたちにすると、すごく変なものができる」のだと（※３）。

そんな藤井を『セイカイはのび太？』をプロデュースした糸井重里は、「本歌取り」の名手だと評している(※3)。ちなみに藤井の屋号で『TAROMAN』にもクレジットされている「豪勢スタジオ」は糸井によって命名されたものだ。

『TAROMAN』もまさに岡本太郎のエッセンスの「本歌取り」。各回のサブタイトルは「自分の歌を歌えばいいんだよ」「一度死んだ人間になれ」「好かれるヤツほどダメになる」「孤独こそ人間が強烈に生きるバネだ」など岡本太郎の名言が使われ、劇中にも数々の名言が物語に挿入されている。ストーリーも岡本太郎の思想に沿ったもので、奇獣ももちろん岡本太郎作品がモチーフだ。

「怪獣的なアレンジをしなくても、岡本太郎の作品はそのまま子供に刺さりそうな表現だなと思いましたね。強い目がドーンとあったり、わかりやすく原色が使われていたり、ある意味で絵本的。刺さるべくして刺さるデザイン。特徴的なところを切り出して奇獣の形にしているんですけど、本当にもうそれだけで大丈夫」(藤井)

「金鳥組」で鍛えられた企画力

藤井は、進学校の高校に入学したが、成績が振るわずに勉強が嫌になって、逃げるようにノートや教科書に落書きする日々を過ごす。絵を描くのは周囲のクラスメイトより得意だったため、デザイナーを目指して武蔵野美術大学視覚伝達デザイン学科に入学した。大学生活は遊びの延長のようだった。グラウンドで「だるまさんが転んだ」を本気でやってみたり、大学がある国分寺市全体を使って50対50のドロケイをやってみたりと、遊びを真剣にやりながらものづくりにも励んだ。

ある授業で、一見シリアスな刑事ドラマだが、実はやっていたのは缶蹴りだったという映像を作った。それまで絵やデザインをやっていても、反応をダイレクトに感じることは難しかったが、その映像を発表したときに「目の前のオーディエンスがドワッと盛り上がっていくのは刺激的」（※4）で、いまでもその感覚を覚えているという。

その経験を通して映像制作を志して関西電通に就職した。しかし当時、代理店はあくまで企画を考えるだけで、「制作は制作会社に任せるのが正しい」という不文律があったという。だから、自分で広告物を制作しようとすると怒られてしまうような空気で、制作をしたかった藤井にとってはフラストレーションが溜まる状況だった。

関西電通といえば、「キンチョール」「タンスにゴン」などのＣＭで知られる金鳥のＣＭ

をつくるクリエイティブチーム、いわゆる「金鳥組」がいた。

「これ、何がオモロイん？」

企画案を持って行っても、そう言われてすぐに横に置かれてしまう。そんな千本ノックを何年も繰り返すことになったため「企画筋」がついた。「大事にしているのは、しつこく考えること」（※5）と鍛えられた。

大きな転機となったのは滋賀県をPRするCM「石田三成」（2016年）だ。「武将といえば三成～♪」というBGMとともに石田三成の肖像画があらわれる地方CM風のチープな映像は、その昭和感がたまらないとネットを中心に話題を呼んだ。クリエイティブディレクターとなり制作もできるようになった藤井は、その後も水を得た魚のように「宇治市PR動画」（2017年）、「サウンドロゴしりとり」（2017年）など話題作を次々と手がけていった。

2019年に独立すると、翌年には前述の『セイカイはのび太？』を制作。さらに2021年には「コップのフチ子」などで知られるカプセルトイメーカー・キタンクラブから15周年記念の映像制作を依頼されると、2億年にわたるカプセルトイの〝嘘歴史〟をでっちあげ「カプセルトイの歴史～古代篇・近代篇・未来篇～」なるフェイクドキュメンタリーを公開。翌年には「大嘘博物館 カプセルトイ2億年の歴史展」と題した展覧会まで開催された。

べらぼうなふざけ方

5分尺で10話の『TAROMAN』本放送終了後も、『TAROMAN』の〝歴史〟を振り返るドキュメンタリー『タローマンヒストリア』が放送（2022年12月3日）され、さらに「タローマンかるた」などの関連グッズや、書籍版の『タローマン・クロニクル』（玄光社）、『タローマンなんだこれは入門』（小学館）が発売されるなど、幅広い展開を見せた。『タローマン・クロニクル』の巻末の数ページ以外は、いずれも72年に全30話が放送された体裁。そのためにわざわざ本編で放送されていない20話分のダイジェストや画像を書籍のために作った。特に『タローマンなんだこれは入門』は、かつて同社から出版されていた子供向けの「小学館入門百科」シリーズの〝復刻〟という設定で、そのフォーマットをそのまま使い、版ズレや写植のズレなどをあえて起こし、当時の本が復刻したように演出した。

もちろん本編でも一瞬映る漫画雑誌のような小道具に至るまで自分でデザインするなど隅々までこだわり抜いて作られている。撮影中のロケ弁当の容器を塗装してニュース番組の背景を作ることもあった。画像の合成がうまくいきすぎないよう、ミニチュアを吊っているピアノ線をわざと見えるように残したりなど細部に気をつけた。

「岡本太郎作品を題材に、『怪獣ものっぽい軽いコント番組を作った』というノリでは、見ている人が不快になるだけですから。岡本太郎ファンや特撮ファンへのリスペクトがなかったり、甘く見ている節がちょっとでもあったりすると、一気にダメになってしまう怖さがありました。ふざけるにしても『愛情のないふざけ方』はNGで、『べらぼうなふざけ方』でなくてはならない」（藤井／※6）

また『TAROMAN』本編は、「80年代に再放送された『TAROMAN』のビデオテープの一部が発掘された」という裏設定。だから画質もあえて粗く作られている。一度完成した映像をVHSビデオテープに録画して画面を粗くすることで味を出した。

「最初に提出した映像が、本当に当時のビデオテープを復刻したという設定に寄り添って、

3倍速でダビングを重ねたような画質だったんです。それにはNHK側も絶句していて（笑）。さすがにこれは流せないと言われたので、もう少しマシな画質に戻していって、ギリギリ許容範囲なところを調整していきました」（藤井）

第1話の終盤、奇獣・森の掟と対峙したタローマンだが、まともに戦おうとせず、意味不明な動きに終始。ついには動かなくなってしまう。高らかにナレーションが入る。

「なぜ彼らは動かないのか。いざでたらめなことをやろうとしてもどこかで見たことのあるものになってしまう。それはタローマンでも同じだからだ」

行き詰まったタローマンはなぜか自ら倒れ込みビルを破壊してしまう。「ワシのビルがーー！」と悲鳴をあげるビルのオーナー。

「しかし行き詰まりからこそ芸術は開けるのだ。そう岡本太郎も言っていた」

そんな第1話以降も、常にまともに戦わずでたらめな動きをするタローマンのスーツアクターはパントマイム俳優の岡村渉《おかむらわたる》が起用されている。

「まず、いわゆるスーツアクターを本職でされている方は、タローマンとは合わないなと思ったんです。どんな人を探せばいいんだろうと思ったときに最初に思い浮かべたのがコンテンポラリーダンサーの方。それで、パントマイムの方も含めて探したときに岡村さんがいたんです。体形的にも理想的だったのでお願いしました。

最初はお互い探り探りだったんで、手の動きから『クネクネしてください』みたいに具体的に説明して。途中からはイメージを掴んでくださって岡村さんから動きを提案してくれたりしました」（藤井）

藤井は岡村に「見たことのない動き」を要求したというが、その動きと「1970年代特撮っぽさ」は矛盾する。

「そういう意味もあって、人気が出なくて消えていったということかもしれませんね（笑）。動きが速くてキビキビしたヒーローらしい動きではなくヌメヌメした動きで差別化をしたい。暗黒舞踏のようなイメージがありました。ヒーローではないちょっと気味の悪さみたいなものを出したいと思って。泥臭くて奇妙な感じですね」（藤井）

タローマンの造形は、「太陽の塔」をベースにすることは決まっていたが、普通に作るとどうしても「太陽の塔マン」のようになってしまう。そこで岡本太郎が太陽の塔の前に作った「若い太陽の塔」をモチーフにした。

過去のヒーローモノでは、子供たちが真似て絵を描きやすいようなシンプルなデザインが採用されたとも聞くが、藤井はあえてそこも逆にした。

「逆に描きやすくなくてもいいのかなという気持ちがあって。他のヒーローってどんどんデザインとして洗練されていっているんですけど、なんかそうじゃない、ヒーローらしからぬ感が出ればいいのかなと思って、非常に癖が強いまま、岡本太郎のアート的な要素を削ぎ落としたりしないようにデザインしました」（藤井）

山口一郎の起用

「いやあ、懐かしい」

〝発掘〟された『TAROMAN』の映像を見て、サカナクションの山口一郎《やまぐちいちろう》が感嘆の声を上げた。山口は『TAROMAN』を再放送で見て夢中になった〝再放送世代〟だという。「令和にまさかタローマンの放映があるなんてタローマンファンとしては非常に嬉しいことですね」と感慨深げに語る。

本編の最後に加えられたこの「TAROMANと私」というコーナーがあることで、本作を単に「1970年代風特撮ドラマ」ではなく、フェイクドキュメンタリーたらしめている。山口は架空のタローマングッズを嬉しそうに紹介しながら、本編に奇獣として登場した岡本太郎作品を解説していく。

「NHKの放映のジャンルでも『TAROMAN』はドラマではなくて、教養番組になっているんです。だからこれが岡本太郎作品をモチーフにしていることはちゃんと伝えなくちゃいけない。でも、奇獣が出てきたときに『この作品は◯◯年のもので〜』みたいに解説が入ったら興ざめするし、面白くないなと思ったんです。そうではない方法がないかなと考えて思いついたのが、当時を懐かしむファン目線で解説を入れるというモキュメンタリーの構造でした」（藤井）

その役は、まず「岡本太郎ファン」というのを大前提に探した。役者だと嘘を演じるのが当たり前でフィクション感が強くなってしまう、芸人だと嘘を話すときに笑いの要素が前面に出てしまう。そこで「至って真面目な顔で嘘をついてくれる人」の中から絶妙に信頼感がある人としてミュージシャンの山口が起用された。

「最初は山口さんもさすがに混乱してましたね（笑）。何しろ、できあがった映像もまだなかったので。タローマンが立ち上がるカットとかバラ素材だけ見てもらって、話してもらったんです。でも、その混乱を含めて妙なリアリティが出たんじゃないかなと思います。一応ざっくりとした台本はあったんですけど、基本的に岡本太郎の作品についての気持ちは山口さん自身の感想を言ってもらっています」（藤井）

藤井は『ＴＡＲＯＭＡＮ』の他にも、前述の通り以前からフェイクドキュメンタリー的な制作物を世に送り出している。

「僕自身、映画とかを見ても劇中の映像とか小道具がすごい気になっちゃうタイプで、画面に映っているポスターとかがウソっぽかったりすると冷めてしまう。そういうディテールを突き詰めていって、いかにないものをリアルに見せるかという努力が好きだし、それだけでもワクワク感がある。ストーリーももちろん大事なんですけど、そのリアリティでどれだけ没入感を味わえるか。

僕、ディズニーランドって好きそうじゃないって言われるんですけど、意外と好きで（笑）。ある意味ディズニーランドもフェイクで、そのフェイクを作る熱量が半端ないじゃないですか。そういう『世界観を作る』というのが好きなんです。元々映画もドラマも、〝ない話〟なんですけど、そこにドキュメンタリー目線が入ることでウソが実在する面白さが際立つんじゃないかと思います」（藤井）

現実に侵食していく虚構

『ＴＡＲＯＭＡＮ』本編の当初の放送はＮＨＫ Ｅテレのクロージング前の深夜枠でしかも不定期だった。「ほとんど誰も見ないまま終わるのではないか」という不安もあった。しかし放送されるとＳＮＳにファンアートが数多く投稿されたり、コミックマーケットなどでコスプレをする熱狂的なファンがあらわれたりして、局所的に人気がじわじわと拡大していった。また、脚本家の野木亜紀子《のぎあきこ》を筆頭に、１９７０年代に放送されたという設定に乗っかったままＳＮＳで感想を寄せる人が続出。過去に実際にあった作品として時代背景と作品性を論じるようないわゆる考察サイトが立ち上がった。それは虚構が現実に侵食していくような恐ろしさと痛快さがあった。

各地でおこなわれた展覧会はいずれも大盛況。特に子供連れの観客が目立った。

「美術館って年齢層が比較的高く、美術的なものに興味のある人しか来ない傾向があるんですけど、岡本太郎展では、子供の声が聞こえるようになったと、美術館の人たちも驚きつつ、喜んでくれました。小さなお子様からお手紙とかもいただくんですけど、『いつもでたらめしてくれてありがとう』って書いてある子がすごく多くて。品行方正なヒーローではない、でたらめの巨人に対して『ありがとう』っていうのがすごく面白いなって。やっぱり子供は、めちゃくちゃにしたいっていう欲求はあるんだなって思いましたね。そういう欲求には応えられたのかなと」（藤井）

まさにタローマンは、劇中で「ヒーロー」とは呼ばれていない。あくまでも「謎の巨人」だ。だから、正義のために戦っているわけではない。

「芸術は爆発だ」と題された最終回、これまでの奇獣とはスケールが桁違いな「べらぼうなもの」がやってくる。

奇獣・太陽の塔である。

「べらぼうなものにはべらぼうなもの」と対峙するタローマン。彼は様々な攻撃を繰り出すが、攻撃を受けるたびに太陽の塔は分裂。それにより逆に街の被害は大きくなってしまう。

「お前のせいで街はめちゃくちゃだ！」「もう少し考えて攻撃してくれよ」

手のひらを返す民衆たち。

「しかしタローマンは悩まない。人生くよくよしないことだ。小さな悩み、心配事にぶつかったら、それよりももっと大きな悩みを求めて体当たりすべきなのだ」

タローマンは空高く飛び、宇宙まで到達すると、なんと地球ごと爆発させてしまう。

「すると逆に気分がさらりとしてモリモリと快調になる。精神を開き切ること、それが若さと健康の元だ。人類全体の運命もいつかは消える。それで良いのだ。無目的にふくらみ、輝いて、最後に爆発する。そして平然と人類がこの世から去るとしたら、それがぼくには栄光だと思える。そう、岡本太郎も言っていた」

そうしてタローマンは飛び去っていくのだ。

「岡本太郎のマインドで『世界を救う』みたいなものはしっくりこなかったんです。やっぱり岡本太郎の思想原理で行動するよくわからない巨人にしたかった。最後も何かしらのカタルシスがほしかったんですけど、悪いやつをやっつけてちゃんちゃんだとタローマンらしくない。地球を壊すくらいのことはしてほしいなと思って逆算して物語を考えていきました」（藤井）

こうして「何を考えているかわからない異形の存在」タローマンは生まれた。

「岡本太郎の作品を見たときにも感じた、そして初期のウルトラマンなどの特撮ヒーローたちにも感じられた、うっすらとした怖さのようなものを出すことができたのではと思っています。急にこちらを踏み潰してくるんじゃないかという不安感こそが、現代の巨大ヒーローに足りないものなのではと」（藤井／※7）

『TAROMAN』は、単にアート作品という目線でしか見てこられなかった作品を特撮というフォーマットに落とし込むことで、岡本太郎作品が持つ潜在的な魅力に気づいてもらえたのではないかと藤井は言う。

主題歌にも引用された「うまくあるな　きれいであるな　ここちよくあるな」という岡本太郎の言葉を体現した本作は、インチキさや、いかがわしさが失われつつある現代の視聴者から渇望されていたに違いない。本能に宿る欲望を刺激したのだ。そして、そのべらぼうなでたらめさをフェイクという大人の遊び心が増幅させ「なんだこれは！」としか言いようがない奇妙なものができあがった。「マジメにバカなことを考えないと、バカな作品は生まれてこない」（※8）と言うように藤井亮は岡本太郎をマジメに遊び尽くした。「真剣に、命がけで遊べ」。そう、岡本太郎も言っていた。

※1　アニメ・特撮番組の制作会社ピー・プロダクション。特撮作品では、『マグマ大使』、『宇宙猿人ゴリ』、『快傑ライオン丸』などを手がけた。
※2　「ほぼ日刊イトイ新聞」２０２０年９月３日〜７日より
※3　「朝日新聞」２０２３年３月11日より
※4　「ｂｏｒｄｅｒ」２０２０年４月24日より

※5　『Pen』2021年4月1日号（CCCメディアハウス）より
※6　「朝日新聞」2022年12月3日より
※7　藤井亮：著『タローマン・クロニクル』（玄光社）より
※8　「モノ・マガジンWeb」2023年12月15日より
※特に注釈のない藤井亮氏の発言は、2023年に実施した取材時のもの。

ミニコラム⑦

まだまだあるフェイクドキュメンタリー的作品

たとえば２０１７年から放送されている『東京ブラックホール』シリーズ（ＮＨＫ）は、戦後日本の実情を描いた硬派なドキュメンタリーであるが、実際の風景の中に山田孝之が〝タイムスリップ〟して存在している。こうしたフェイク的手法が様々なところで見られるようになった。

ドキュメンタリーとフェイクドキュメンタリーを並べて見せるのもひとつのトレンドだ。２０１９年の『ノンフェイクション』（テレビ大阪）は、ドキュメンタリー監督が撮影した複数の映像を見て、どれが本当のドキュメンタリーで、どれが架空のドキュメンタリーかを当てるというもの。

２０２３年、『るてんのんてる』（読売テレビ）内の「ドキュメントープランＢ」は、前半にその人物がなりたかった自分をフェイクで演じ、後半は現実の人生が描かれるというもの。あったかもしれない自分の人生を疑似体験すると言えば、同年の『カルマの木』（テレビ東京）もそうだ。呂布《りょふ》カルマがラッパーにならなかった漫画家・三島裕也（＝呂布カルマの本名）を演じている。２０１９年『人間の証』（フジテレビ）は、女性タレントがストリッパー、デリヘルなどのお題を与えられ、それになりきりインタビューを受けるというものだった。

いわゆる恋愛リアリティショーもフェイクドキュメンタリーの亜種と言える。昨今は最初から「フェイク」と銘打つものが少なくない。共に２０２３年に放送され「合コンモキュメンタリー」と掲げた『男女は夜な夜な嘘をつく』（ＭＢＳ）、「ラブモキュメンタリー」『恋するプライベートアイランド』（テレビ朝日）などがそうだ。

フェイクドキュメンタリー的に〝正統派〟と言えるのが伊藤峻太《いとうしゅんた》。２０１９年『ＴＯＫＹＯストーリーズ』（ＢＳフジ）内の「妖怪・東京太郎は今／宇宙移民の光と影」を皮切りに、同局の『シンギュラリＴＶ２０４３』（２０２０年）、ＷＯＷＯＷで放送された『ザ・モキュメンタリーズ』（２０２１年）や『ＰＯＲＴＡＬ－Ｘ』（２０２４年）と精力的にＳＦモキュメンタリーを制作している。一方、近年のフェイクドキュメンタリーでとりわけ異色の作品と言えるのが『ハイパーハードボイルドグルメリポート』の上出遼平《かみでりょうへい》がヒップホップユニット・Ｄｏｓ Ｍｏｎｏｓ《ドスモノス》とコラボし、２０２１年に制作した『蓋』（テレビ東京）。元々は彼らが上出にＭＶを撮ってほしいと依頼したことからこのプロジェクトは始まった。しかし、普通に作っても面白くない。ＭＶの枠を超え地上波の番組にしたらいいんじゃないかという話になり、約１年間かけて番組制作と楽曲制作を同時に進めた。

深夜〜早朝の停波枠に不定期で放送された本作はハッカーがテレ東の停波枠と渋谷中の監視カメラをハックしたという設定で、パソコンのデスクトップ、監視カメラの映像、YouTuberらしき女の子の動画などが放送事故的に放送される。渋谷の地下の暗渠《あんきょ》で〝何か〟が起こっている不穏な映像が流れ、ネットが騒然となった。考察やまとめサイトが立ち上がると「再放送」とアナウンスされた放送で、それを登場させたりもした。基本的に一方通行のメディアであるテレビで双方向のコミュニケーションがとれたと上出は手応えを摑んだ。

「遊びって、自分で何かやるから面白い。受け取った喜びって頭打ちだと思ってるんです。（略）テレビってサービスを先鋭化させていって、視聴者が受け取りやすいものを一方通行に与えていくじゃないですか。受け取る側は何も考えなくていいから、喜びは大きくない。でも、『蓋』は逆なんです。視聴者がガッと来てくれないとまったく楽しめない。でも、不親切は悪じゃない」（※「POPEYE Web」2021年12月14日）

テレビは制作者にとっても視聴者にとっても、もっと遊べる場なのだ。

第4章

新時代

Ⅷ 最先端の映像表現で生まれた新しくも懐かしい〝フェイク〟

〜『ＣＩＴＹ ＬＩＶＥＳ』（２０２３）

現在、テレビ・フェイクドキュメンタリーも新時代を迎えている。その大きな要因は、急速に進化している映像テクノロジーとデジタルネイティブである新世代の作り手たちの台頭だ。かつてテレビと対立構造で捉えられていたインターネットを、いまもそう見ることは、もはやナンセンス。見逃し配信もすっかり定着したことで、インターネットとの相性が良い〝変なもの〟をテレビで作れる余地が広がった。２０１０年代に停滞した深夜番組も、２０２０年代に入ると、若手の育成やテレビ番組の新たな可能性を模索する実験の場に再びなりつつある。

そうした中で、進化した映像テクノロジーで新たなフェイクドキュメンタリー的な表現を生み出した代表格が、2023年1月にフジテレビの深夜に放送されたSFフェイクドキュメンタリー・ドラマ『CITY LIVES』だ。

進化する映像テクノロジー

生成AI技術の急速な発展・普及により、「ディープフェイク」などと呼ばれるフェイク動画が、いまや専門家ならずとも比較的容易に作ることができるようになった。

また近年、「VFX」が飛躍的に進化し、大作映画のみならずごく普通に使われるようになり、そのクオリティも劇的に向上した。これまでの〝常識〟では考えられないような非現実的な映像を現実に生み出せるようになった。最新のテクノロジーによって映像表現は〝新時代〟を迎えたのだ。

そもそも「VFX」の源流と言えるのが、1977年にアメリカで公開され世界的なSFブームを巻き起こした映画『スター・ウォーズ』だ。合成素材を撮影するために使われるモーションコントロールカメラが使われ、初めて撮影にコンピューターを本格的に導入した作品だった。

一方、日本では1954年から始まった『ゴジラ』シリーズなどで、いわゆる「特撮」モノが親しまれてきた。前章で触れた通り、60年代後半には「第1次怪獣ブーム」、70年代前半には「第2次怪獣ブーム（変身ブーム）」が興った。1978年には、『未知との遭遇』、『スター・ウォーズ』が相次いで日本で公開となり、日本でもSFがブームになっていく。

技術的にも80年代は世界をリードしていた。1984年に発表された短編映画『Bio-Sensor』や、1989年、91年の『InSearch of Axis』シリーズは世界の映画界に大きな影響を与えた。特に後者は、『ターミネーター2』が参考にしたのではないかとも言われている（※1）。そして90年代以降、ハリウッドを中心にVFXは飛躍的に進化していった。

なお、日本では一般的に、いわゆる「特撮」が、特殊メイクや火薬、ミニチュア、着ぐるみなどを使って撮影して完結するものを指すのに対し、「Visual Effects（視覚効果）」の略称である「VFX」は、撮影後にCGやデジタル合成などを組み合わせて、現実に存在していない映像をつくる技術のことを指す。

コロナ禍で「見つかった」物語

『CITY LIVES』（フジテレビ）もそんな最新のVFXを駆使した作品だった。

いきなりトンネルの奥で街のビル群がゴゴゴと移動しているカットから始まる。さらには街に電柱やビルがニョキニョキと生えてくる。まるで「街」が生きているかのような奇妙な映像がリアリティあふれるものとして映し出されているのだ。

「こんばんは、髙嶋政宏です」

『CITY LIVES』は『LIVES』と題した〝生命ドキュメンタリー番組〟として始まる。髙嶋政宏本人が番組のナビゲーターだ。

「今週から3週連続で取り上げるのは、みなさんもよく知っている動物。そう、『街』です」

「街」はクジラに匹敵する知能と、数平方キロメートルに及ぶ巨大な身体を持つ世界で一番大きな動物だというのだ。「街」は自らの一部を擬態させた人間そっくりの疑似住民を抱え生きているのだが、その「街」に住む唯一の本物の人間である高城準（広田亮平《ひろたりょうへい》）に密着するという設定のフェイクドキュメンタリーSFドラマなのだ。

本作の原作・脚本・監督を務めたのは針谷大吾《はりやだいご》と小林洋介《こばやしようすけ》。2020年に公開した自主製作SF短編映画『viewers：1』が「GEMSTONE」第6回企画「リモートフィルムコンテスト」グランプリなど数多くの賞を受賞し、ネット上でも大きな話題を巻き起こしたコンビだ。

「どうも！　どうもどうも！　ぐっちゃんでーす！」

割れたメガネをかけた男がハイテンションで自らにカメラを向けている。

『viewers：1』は、文明が崩壊した世界で、たった1人で誰に届くかわからない配信を続ける男性を描いた「ポストアポカリプス」作品。崩壊した高層マンションの周囲を巨大な歩行ロボットが歩いている映像は鮮烈だった。コロナ禍でリモートをテーマにした映像を対象にした「リモートフィルムコンテスト」の中にあって、2人の作品は桁違いにスケールが大きかった。

応募作の多くがZoomのようなツールを使った会話劇になると考え、それを避け、まず香川に住む友人に頼んで香川の風景を撮影してもらった。その風景にSF的なモチーフを合成して加えていった。主人公「ぐっちゃん」を演じる橋口勇輝《はしぐちゆうき》へはリモートで演出した。リハーサルから本番まですべて遠隔でおこない、橋口自身がiPhoneで自撮りするという方法で撮影された。

演出・撮影方法も「リモート」をテーマにしているが、物語のテーマも「リモート」に紐づけた。

「視聴者との関係性という視点も生まれ、結果、ひとり彷徨《さまよ》った先に誰かと出会うという今回の話に落ち着きました」（針谷／※2）

バッテリーも残りわずか、誰も見ていないであろう配信を続けながら、孤独感が募っていく主人公。そしてラスト。世界が反転するかのような鮮やかな手法で「viewers：

1」、つまり1人の視聴者との出会いが描かれるのだ。

わずか140秒ながら、そのエモーショナルで感動的な展開は、コロナ禍で人と人が満足に会えない閉塞感と相まって、ネット上で大反響を巻き起こした。まさにぐっちゃんのラストシーンのように2人の才能は「見つかった」のだ。

2人の監督

2人は大学のインカレサークル「早稲田大学映画研究会」（※3）の先輩・後輩という間柄（小林が2年下）。なお『viewers：1』の主人公を演じる橋口も同サークルのメンバー）。大学卒業後、針谷は編集所に勤務し、数多くのテレビ番組の編集を担当。小林はCM制作会社に入り、CMやMV映像を手がけている。

針谷が編集所から独立しフリーになった頃、小林が針谷に「編集と合成を手伝ってほしい」と頼んだことがきっかけで再び共に映像作品を作るようになり、2018年に『スカイツリーの惑星』を監督として共同制作した。

小林「お互い好きなものがなんとなくわかっていて、趣味が相互補完するような関係なんです。僕はSFが好きで『生きもの地球紀行』（NHK）とかの自然ドキュメンタリーが好きで、怪獣映画大好き人間。自我が芽生える小学生の高学年の頃に見たリアル志向の平成ガメラシリーズが超好きなんです」

針谷「小林とは世代的に『ゴジラ』と『ガメラ』でわかれるんです」

監督と脚本にわかれて長年コンビを組んでいる2人は少なくないが、針谷と小林の場合、ともに脚本も監督も担当するという珍しい体制で映像制作を続けている。

小林「役割分担はたぶん他に例がないくらいぐちゃぐちゃですね。どっちが何をやったかわからないくらい」

針谷「多少、得意分野の違いはあるけどね。僕の本職が編集だから、編集作業は比較的多くやっていると思います」

小林「僕は『これが、1912年に世界で初めて撮影された「街」の写真です。場所は南極点の近く。撮影したのはロバート・スコット……』みたいなセリフはいくらでも書けるけれど、男女の会話とかはうまくなくて。脚本にも理屈っぽくとか感情的にとか書き味の得意不得意がそれぞれあって、僕ひとりでやると、どこまでも変なことをして楽しくなっちゃう」

針谷「それぞれが暴走しちゃうところをお互いが制し合って、いまのところすごくバランスが取れていると思いますね」

街が交尾する

本作が放送されたのは、フジテレビに2022年10月から新設された深夜枠「火曜ACTION!」。「ここから次の時代を担うヒット番組、ヒットクリエイターを続々と誕生させていきたい」（※4）というコンセプトの深夜ドラマ枠。深夜ならではのチャレンジングな作品をやりたいということから『viewers：1』で高い評価を得ていた2人に白羽の矢が立った。「いきの良い企画はないか」と相談された小林洋介にはちょうどすぐに出すことのできる企画があった。それが「街が生きている」というもの。当初は『viewers：1』同様、短編の自主制作で作るつもりだった。

「街が交尾するんですよ！」

目を輝かせて言う小林に針谷は、「突然何を言ってるんだ、君は……？」と啞然とした。

元々は「街は巨大生物で、やがて街同士が交尾する」というBBCで放送しているような動物ドキュメンタリー番組のようなものを想定していた。専門家のインタビューと「街」の生態の紹介を5分くらいでやったら面白いんじゃないかというのがスタートだった。

「『生きもの地球紀行』みたいな感じで街の発情期を淡々と描いて、柳生博《やぎゅうひろし》のナレーションみたいに『秋は街の恋の季節です』という文言が入るというのは決まってました（笑）。建物の〝怪獣化〟みたいなことをずっとやりたくて、最初は全然ドラマチックな要素はないウソ科学ドキュメンタリーみたいなイメージでした」（小林）

与えられた放送枠は30分尺で3話分だったため、それをドラマ用に、街同士の恋愛（交尾）に、人間同士の恋愛ドラマ要素を重ね、膨らませた。

「『街は人の記憶を擬態する』という設定を加えて人間ドラマを入れていったんですけど、街の交尾という壮大で突飛な話だから、人間ドラマのほうはなるべく身近でみみっちい話にしようと」（針谷）

第1話に登場する「Ｅ６０４」と呼ばれる街の保護官職員・高城準（広田亮平）と、第

2話の「N507」を担当する辻みさき（片山友希《かたやまゆき》）が実は大学時代の知人同士で、互いに好意を持っていたという設定。勇気が出ず告白できなかったことを心残りに思っている、というストーリー。「街は人の記憶を擬態する」という設定が効いていて、大学時代のそれぞれの思い出の風景が「街」にあらわれ物語が展開していく。

「大人になってから、大学時代にうまくいかなかった男女の夜の思い出がぶり返す程度のほっといたら誰もドラマでとりあげないくらいの規模感がちょうどいいかと思いました（笑）。『人類の進化の旅路』と『休日の夜にラブホが空いてなくてカップルが街をさまよう』という二つの要素を重ねたキリンジの『The Great Journey』という曲があるんですけど、それだ！って」（小林）

見て信じられる実写SF

本作の〝主役〟はもちろん「街」。生物である「街」からは建物がニョキニョキと生えて〝成長〟したり、路上のひび割れが呼吸孔となって呼吸したりしている。そういった非現実的な「街」の生態の描写は最新のVFXを駆使して描かれた。

2人で自主制作をしていた頃は、自らVFXも手がけていたが、今回は映像制作チームのXORの堀江友則《ほりえとものり》を中心に、LILの木村康次郎《きむらこうじろう》、オムニバス・ジャパンの佐藤信吾《さとうしんご》、近藤晋也《こんどうしんや》らが参加し、全90カットにものぼるVFXシーンを作り上げた。そのため制作前に1日がかりでVFXが関わる表現について、長時間の綿密な打ち合わせをおこなった。

小林「予算感と作業量のバランスで言うとかなり厳しい条件だったんです。それでも男気と優しさの塊のようなみなさんが参加してくれて、僕らのやりたいことはこうですと、全カット頭から最後までワンカットごとに絵コンテを見せながら説明してシミュレーションをしていく。ひとまずダメ元ベースでこういう風にしたいんですって」

針谷「3時間くらい打ち合わせして、まだ全体の4分の1も来てない、みたいな綿密な打ち合わせでした（笑）。それでも最初の構想から諦めたVFXショットは実は3～4カットくらい。色々と工夫もしつつ、ほぼ削らないで実現させてもらえました」

小林「『1回削らないでおきましょうか』って考えてくれたのが本当にありがたかったですね」

VFXスーパーバイザーの堀江は、「最初小林監督から〝街が交尾する〟と聞いて、いったい何を言ってるのかと頭を抱えました」（※5）と笑う。しかし、『ｖｉｅｗｅｒｓ：1』も知っていた彼は「ここまでぶっ飛んでいる監督陣ならきっと面白くなるなとも感じた」。第1話の放送までわずか3週間ほどしかなく、正攻法では頓挫するとわかっていたため、複数のポジションを同時に進めていく作り方を採った。小林や針谷も仕上げに加わりながら、街が〝生きている〟様子を作り上げた。ＶＦＸは驚くほど風景に溶け込んでいる。

「『見て、ちゃんと信じられる実写ＳＦ』をやろうというのがコアにありました。特撮モノも好きですが、『まあこれはこういうものだから』みたいな〝お約束〟のフィルターをなるべく通さなくても見られるものを作ろうと」（小林）

ＶＦＸによる違和感を極力出ないようにするため、大きい被写体は風景のなるべく遠くに置き、合成も極力遠いものしかしないと決めていた。それは『ｖｉｅｗｅｒｓ：1』の頃から継承した方針だ。

「〝街〟が威嚇《いかく》して、保護官の目の前に標識が突然複数あらわれて道を塞ぐというカットではもちろんＣＧを使っているんですけど、標識自体は実物をリファレンスとして撮影して、ＣＧの質感の指標にしてます。なるべく距離を置いて撮って、手前に視聴者の視界を遮る邪魔な柵も用意することで、ＶＦＸの合成の部分がカメラから近くても大丈夫な工夫をしてます。その代わり、全ポジション、全角度に標識を動かして汗だくになりながら撮りましたけど（笑）」（小林）

主人公の高城は、「街」とまだ打ち解けられておらず、「街」から時折、威嚇されたり、寝ている部屋に室外機を擬態されたりするような嫌がらせをされてしまう。そんな「街」は、言うことをきいてくれない猫のような可愛らしさがある。電柱や電線などのアニメーションを担当した佐藤は「怖いけど可愛らしさも感じられる演技」を目指したという（※5）。

針谷「自然ドキュメンタリーで取り上げる動物みたいに、怖いんだけど同時に親しみも覚えられるようにしたくて。〝街〟は、なるべく可愛く見せたかった」

小林「〝街〟を動物のように見せるためにはどうすればいいのかと考えたときに『鳴く・飲み食いする・息をしている』様子を見せようと。もちろん画作りもこだわりましたけど、音も本当に細かいところまでやっていただきました。実は、劇中ずっとさりげなく〝街〟が鳴いてるんですよ。奥のほうで唸っていたり、キシキシと不穏な音を鳴らしたり。『「カリブの海賊」みたいな音をつけてください』みたいに発注していました（笑）。3話の〝街〟同士の交尾のシーンでさりげなくベッドがきしむ音がついていたのは笑いました。結局は外すことになりましたが。それくらいのノリでみんなアイデアを出し合ってやっていましたね。〝街〟の交尾が始まるときに、蛇口の角度が上がりすぎていて、なんだか生々しくて卑猥《ひわい》に見えちゃうからもう少し抑えてくださいとか（笑）」

視点の切り替え

『viewers：1』ではPOV形式（主観映像）から視点が切り替わることで、人と人の出会いや繋がりを感動的に描いていた。『CITY LIVES』もそんな視点の切り替えを効果的に使った作品だ。第2話の途中からドキュメンタリー映像特有のカメラアングルから、通常のドラマ形式のカメラアングルに切り替わる。よく見ると、2話の前半からディレクター役の持つカメラが映り、ドキュメンタリーではありえないアングルが自然に取り入れられていき、ドラマ形式へと移行する。

「2話で主人公の内面に視聴者が寄っていくのと同時に視点が切り替わるというのは元々狙っていましたね。本当は第1話のエンディングでカメラがテレビ画面から引いていくカットがあるので、そこで（ドラマ形式へと）開いたつもりだったんだけど、それはあまり効かなかった。カメラアングルの考え方としては、ドキュメンタリー的ではないカメラアングルは〝街〟の視点だというつもりで撮っていました」（小林）

番組の最初と最後に出てくるナビゲーターの髙嶋政宏が、擬態した「街」であり、「街」が自分の生誕について語っていたという設定だったのだ。

第1話をドキュメンタリー形式にしたのは、世界観や設定を説明しやすかったという理由もあった。しかし「世界観を明かしていくこと自体が面白い」だけでは、3話連続のテレビ番組としては成立しない。

「2話と3話は、保護官同士の関係性や彼らの思い出の話になっていくので、ドキュメンタリーでそれを描くには向かない。『ドキュメンタリーのテレビカメラの前でこんな本音は都合よく話さないだろう』『このセリフには裏があるんじゃないか』というレイヤーが

できてしまうので、ここはスパッとドラマに振ったほうがいいと」（針谷）

小林は『ＣＩＴＹ ＬＩＶＥＳ』の前に「ＪＡＣ ＡＷＡＲＤ ２０２２」を受賞した「幸せの神」や、「Ｓｐｉｋｅｓ Ａｓｉａ２０２３」ブロンズを受賞した「Ｖｏｃｕｍｅｎｔ＃１『今、映画監督オダギリジョーが立つ場所。』」と立て続けにフェイクドキュメンタリー作品を演出し、フェイクドキュメンタリーにおけるドキュメンタリー性を研鑽していった。

「（いままで手がけてきた作品は）ドキュメンタリーっぽく撮っていますけど、本当のドキュメンタリーってあんなに映像は粗っぽくないんですよ（笑）。あんなに手ブレしないし、フレームもゆるくない。けど、少し粗いくらいのほうが映像から感じるリアリティとしてはちょうどいいのかなと。特にこういう内容だと。『ＣＩＴＹ ＬＩＶＥＳ』のカメラは、オダギリさんとやった『Ｖｏｃｕｍｅｎｔ』や『幸せの神』を担当した山田《やまだ》晃稔《あきとし》さんというカメラマンです。その都度ドキュメントっぽく見せるための方法論や匙《さじ》加減をずっと試行錯誤していました。場面によっては役者の動きをカメラマンに伝えず、カメラワークはアドリブでいくとか、色々毎回手探りで」（小林）

ちなみに『Ｖｏｃｕｍｅｎｔ』は映像技術的にも挑戦的な作品で、最新テクノロジーである「バーチャルプロダクション」（※6）が使用されている。

イメージはなかったけどイメージ通り

立て続けに3作のフェイクドキュメンタリー作品を作ったことからも自明なように、小林は見る側としてもフェイクドキュメンタリーが大好きだという。

「僕は〝説得力好き〟なんです。怪獣が歩いたらここの電話ボックス割れるよね、みたいな細かい部分が快楽の塊（笑）。あと、ウソ漫談をする街裏ぴんくさんが大好きなのですが、ウソを本当のこととして堂々と喋っているときの〝真顔ボケ〟の面白みが好きですね。『ＣＩＴＹ ＬＩＶＥＳ』も1話はウソを突き通す感じで行って、2話以降、実際こうだったらこうだよねみたいなリアリティで説得力を加える方向にスライドしていく考え方でした」（小林）

一方で針谷はフェイクドキュメンタリー自体が特別好きというわけではない。しかし本職ではバラエティやテレビのドキュメンタリー番組の編集もしているため、それが大いに役立った。

「テロップとかは、針谷さんにめちゃくちゃ監修してもらいましたね。WEBムービーのノリでつけたら、テレビはこんなに小さくないんだとか。本職の監修が入ったドキュメンタリー（笑）」（小林）

そうしてフェイクドキュメンタリーとしての強度を上げていった。『CITY LIVES』は第1話が放送されると話題を呼び、TVerの見逃し配信も手伝い、SNS等で大きな反響があった。絶賛する中にはテレビプロデューサーの佐久間宣行らもいた。もちろんSFファンやフェイクドキュメンタリー好きは目の肥えた人が多いため賛否両論でもあった。

「みんな100％満足させることはできないと思うんですよ。『パシフィック・リム』超好きだけど、言いたいことは2000個ある！　みたいな（笑）。だからひとまず僕らの好きなことをやり尽くすから、良かったら楽しんでくださいぐらいの気持ちでしたね。刺さる人には刺さってくれって思いながら投げた感じです」（小林）

2人にとって意外だったのが、作中のフェイクドキュメンタリー部分が思いの外、視聴者に受け入れられたことだ。

小林「僕ら的には1話はだいぶクセのある〝発酵した何か〟を出した気持ちだったんですけどね。逆にいま思うと僕らは連ドラというものをあんまりわかってなくって。今回の構成は、3話まとめて見るのならいいと思うんですけど、各話の質感をズラしているから、次の放送まで1週間空いたときに『期待してたものが来なかった』って感覚にもなりうるんだなと。僕らはサービスで裏切ったつもりだったんですけど、『さっきのが良かった』みたいな（笑）」

針谷「編集している段階で『1話好きな人は2話好きじゃないし、2話好きな人は1話は好きじゃないかも』とは言っていたよね。そこは難しかったですね」

本作のクライマックス、「街」の交尾シーンは、まさに本作のキモであり、最高峰のVFXが生み出したものだ。それぞれの街に立った巨大なビルが織りなす柱状構造物が、渦巻きながら絡み合うという形で表現された。実は当初、街がどのように交尾するか、その具体的なイメージはできていなかったという。街と街がぐちゃぐちゃ混ざるような構想もあったが、とてつもない時間と予算がかかり現実的ではない。そこで象徴的な異物＝柱状構造物が立つシーンを脚本の2稿か3稿で加えた。

「ナメクジの交尾みたいにしようっていうアイデアが途中で出てきましたね。なんか人の手が絡んでいるようにも見えるし、と。『柱状構造物がこうなってこうなるんですよ！』ってCG部の方に言ったら『あ……はい』って（笑）。最初はうまくできるか不安でしたね」（小林）

不安を抱えたまま、2人は撮影に突入した。VFXに予算と人員を投じるため、撮影はごく最小限のスタッフでおこなわれた。監督が2人いるため助監督も入れず、場所もほとんどが木更津周辺。場としてあまり個性がなく、何か見たことがある感じがぴったりだった。加えて、駅の西側と東側で雰囲気が違うのも好都合だった。

そうして撮影をしているさなか、CG部から途中経過として柱状構造物の画像が送られてきた。それを見て2人は歓喜しガッツポーズした。

「めっちゃカッコいい！　これなら行ける！」

撮影中、疲れたらそれを見て力をもらっていたという。

小林「怪獣っぽいものをやりたいっていうのが企画のベースにあったから、画的にも話的にも満足するものができましたね」

針谷「だから最終的にはイメージ通り。最初に具体的なイメージはなかったんですけどね（笑）」

伝説の戦士

そうして最新のテクノロジーを駆使した奇想天外なフェイクドキュメンタリーSFドラマが世に放たれたのだ。その映像表現の新しさは鮮烈だった。同時に、「街」の生態と並行して描かれたごくごく身近な人間ドラマは、そのスケール感とは真逆だったからか、より一層、心に響きどこか懐かしささえ感じさせる。

小林「企画を出したときもテレビでフェイクドキュメンタリーが流れる味みたいなことを特別意識してなかったんですけど、第1話のオンエアをリアルタイムで見て『うわ、キモ！』って思いましたね。いい意味で。なんかわけわかんない番組が流れるっていうのは楽しいなって。明らかに何かが間違っている感じ（笑）」

針谷「テレビで流れているテレビ番組そのものがウソっていうね。個人的には中学生のときに深夜、夜更かししてたまたま見たかった。自分が作ったものですけど（笑）」

ちなみに本作には「企画」として春名剛生がクレジットされている。そう、長江俊和に声をかけ『放送禁止』を作るきっかけを与えたプロデューサーだ。そうとは知らなかった2人は、「こんな企画にフジテレビが金を出すわけがない」と最初に打ち合わせに行った際も何かしらのドッキリを疑っていた。それどころか、撮影が始まってからも本当に放送されるのだろうかと頭のどこかで疑っていた。

「だって『蛇口が勃起する』とか書いてある企画書にフジテレビが金を出すわけがないって（笑）。本当に流れるのか、制作費が振り込まれるのかと思いながら。春名さんはプロットを見て、『思い切りやってくれ』って言ってくれました。で、後から『放送禁止』もやっていたと知って、だからか！と。〝伝説の戦士だった感〟がありましたね。刀の柄を見て気づくみたいなエモみがありました（笑）」（小林）

現代のテレビ・フェイクドキュメンタリーの起点ともいえる『放送禁止』と、最先端の映像技術を駆使した新時代のフェイクドキュメンタリー作品である『ＣＩＴＹ ＬＩＶＥＳ』が、思わぬ縁で繋がっていたのだ。

フェイクドキュメンタリーは視聴者に「この設定に乗っかろう」と思う瞬間を作ること

ができたら成功なのではないかと小林は言う。

「今回の場合、1話の最初から『街です』って始まっていますから。『こういうことでやっていきますんで、ついてきてください』って伝えた上で突っ走る。その1話で離脱している声なき声がいっぱいいいるかもしれないですけど、ついてきてくれる人は〝共犯〟になってくれたんじゃないかなと思います」（小林）

設定に乗ろうと思うに足る説得力を映像の力によって生み出した『CITY LIVES』。VFXやバーチャルプロダクションなどの最先端のテクノロジーは、今後さらに想像力次第で無限の可能性が備わっている。フェイクドキュメンタリーも〝新時代〟を迎えたのだ。

※1　BS-TBS『X年後の関係者たち』2023年10月30日より
※2　『VIDEO SALON』2021年5月号（玄光社）より
※3　『CITY LIVES』第1話の「街」の名称「E604」は研究会が使っていた部屋番号に由来している。

※4　「サンケイスポーツ」２０２２年9月5日より

※5　「ＣＧＷＯＲＬＤ．ＪＰ」２０２３年4月18日より

※6　セットの背景に映像を映し出し、被写体と組み合わせてリアルタイムで映像制作をおこなう技術。これまで一般的に使われてきたのは「クロマキー合成」。ブルーバック、あるいはグリーンバックで撮影し、背景となる映像を合成していた。演者の側からすると実際の背景映像をその場で確認できないため、完成映像がイメージしにくい。また、合成をおこなう作業も、映像の明るさや色味の調整に時間がかかる上、別撮りである以上、どうしても〝合成感〟が出てしまう。一方、「インカメラＶＦＸ」と呼ばれる最新のバーチャルプロダクションの技術では、複数のＬＥＤディスプレイ・ウォールなどにより、リアルタイムで合成まで可能なため、役者も完成形をイメージした演技ができ、作り手側も撮影後の作業が大幅に削減できる。コロナ禍により大規模コンサートに使用していたＬＥＤディスプレイパネルの使い途を失ったことで転用され、急速に技術が発展した。

※特に注釈のない針谷大吾氏と小林洋介氏の発言は、２０２３年に実施した取材時のもの。

ミニコラム⑧

テクノロジーが生んだフェイクバラエティ

近年、アバターやディープフェイクなどの最新テクノロジーがバラエティ番組に応用され使われることも少なくない。それを"先取り"したような番組がかつて放送されていた。2002年に放送されていた『マスクマン!』(日本テレビ)だ。この番組のメインは、大林宣彦の映画『異人たちとの夏』の世界観をオマージュした同名の企画。このコーナーにおける「異人」とは、親や兄弟、恩人などゲストにとって縁深い故人や、過去の自分自身。それがCGやモーションキャプチャーを使ってアバターのような状態でモニター上に蘇る。いわばフェイクトーク番組だ。技術的にはまだまだ未成熟だった故、それを見て最初はゲストも「意味がわからねえ」などと困惑するのだが、次第に本当にその相手と話しているように感情が乗っていき、涙なしでは見られない会話になっていく。それを可能にしたのが徹底したリサーチ。「異人」の声の主は本人しか知らないような情報まで完璧に脳裏に叩き込むことで、即興の会話を成立させたのだ。当時は明かされていなかったがその声の主はくりぃむしちゅー(当時・海砂利水魚)と浅草キッドが交互に担当していた。当時の最新テクノロジーを駆使した番組だったが、核となる部分はアナログで泥臭い「人」の力によるものだったのだ。

2020年代になるとディープフェイクの技術は飛躍的に向上する。いち早くそれを取り入れたのが、2020年から始まった『クイズ！THE違和感』（TBS）だった。番組開始後、程なくして始まった「ノブ違和感」というクイズはディープフェイクを使って、著名人の顔に千鳥・ノブの顔をハメ、元の人物が誰かを当てるというもの。ノブの顔力の強さに笑わずにはいられない強烈なインパクトを残した。

この技術を使って〝疑似〟ドキュメンタリーを作ったのが、まだ20代（1994年生まれ）のディレクター南斉岬《なんざいみさき》だ。「川島さんに1日密着したVTRを見てもらう」という企画趣旨の説明から始まった『カワシマの穴』（日本テレビ）。しかし、MC席に座る麒麟・川島明は「密着されてない」と困惑するばかり。VTRが始まると確かに顔は川島だがどこか違和感がある。「何これ？」と川島は混乱。もちろん、ディープフェイクの技術を使ったものだ。その後、顔だけは川島だが、体型などが変わるカオスな展開になっていくフェイクドキュメンタリーだった。2022年に第1弾が放送されると、翌年にはターゲットをフットボールアワー・後藤輝基、ダイアン・津田篤宏に変え、第2～3弾が放送された。

第3弾で最初に津田に扮していたのは、彼のモノマネを得意とするTHIS ISパンの岡下雅典《おかしたまさのり》。声も似ているため、本物の密着映像と見間違われてもおかしくない。しかし、酵素風呂エステに入り出てくると体格が変わり、体毛も濃くなっている。その口調は明らかにジローラモだ。彼は津田の嘘みたいな本当の番組『ダイアン津田のバーディーチャンすー』（2023年、東海テレビ）の女性共演者と一緒に飲み、セクハラスレスレのスキンシップを取るのだ。嘘ばかりの中に仄かに「本当」が入っているから面白い。さらに津田が突如マッチョに。津田のギャグ「ゴイゴイスー」をひたすら繰り返しながら筋トレしているのは、なかやまきんに君だ。もうここまで来ると、正体を隠す気はなくバカバカしさが突き抜けていく。

新世代の南斉は、最新テクノロジーを使いながらも、そのスゴさで終わらずに、それを遊び尽くしてくだらない笑いにしている。あえて雑な部分を残しチープさを醸し出しながら、笑いに特化した新感覚のフェイクドキュメンタリーを生み出したのだ。

Ⅸ 不気味な〝フェイク〟が「いま」を映し出す

～『このテープもってないですか？』（2022）

2020年代に入ると、テレビ界では急速に20代から30代前半の若い制作者にチャンスが与えられるようになった。先鞭をつけたのは、2020年10月に生まれたテレビ朝日の深夜枠「バラバラ大作戦」だろう。月曜から金曜まで合計14もの20分番組が一気に誕生した。その最大の特徴は、20代から30代の若手社員が番組を手掛けていることだ。それに追随するようにフジテレビでは、「月曜PLUS！」「火曜ACTION！」「火曜NEXT！」「水曜RISE！」といった深夜実験枠を新設した。同様の施策は他局でもおこなわれている。

テレビ東京では、30歳以下の同社社員が「予算ひとり100万円」「15分以内」「ジャンル自由」のルールで制作した映像で地上波の放送枠をかけて競う「テレビ東京若手映像グランプリ」が始まった。その2022年の大会で優勝したのが、まだ入社4年目だった大森時生《おおもりときお》。そんな新世代の旗手がテレビ制作に新しい風を吹かせることになる。そこで用いられたのは、先達たちがテレビの凋落《ちょうらく》に反抗しながら、テレビの未来の可能性を切り拓いてきた〝武器〟であるフェイクドキュメンタリーだった。

デジタルネイティブ世代のテレビマン

VFXが当たり前となり、これまで見たことのないような映像表現ができるようになった現在。だからこそ高画質とは正反対のアナログの映像の異物感が際立つ。『TAROMAN』は、VHSのビデオテープの画質から〝昭和〟のデタラメさを表出させたが、同じVHSビデオから〝不気味さ〟を見出したのが、2022年年末に3夜連続で放送された『テレビ放送開始69年 このテープもってないですか?』(BSテレ東)だ。

テレビ局の副調整室に水原恵理アナウンサー、いとうせいこう、井桁弘恵が並ぶ。

「テレビも放送を開始してもう69年という長い月日が経っています。そこで視聴者のご家庭に眠る番組のＶＨＳテープを募集して超貴重な過去のテレビ映像を見てみようという番組です」

進行を務める水原アナウンサーが番組の趣旨を説明すると、それを受けていとうせいこうが補足する。

「視聴者の方におんぶに抱っこということで。でも本当に残ってないんですよ、テレビ局はびっくりするほど残ってないですね」

かつてのテレビ番組は基本的にテープに上書きしていたため、古い映像は残っていないものがほとんど。そのためＮＨＫなどでも視聴者に呼びかけて、アーカイブ化を進め時折、〝発掘〟された映像が放送されることもある。そんなよくある過去のテレビ番組を振り返るアーカイブ番組のようだ。

今回募集されたのは、以下のような番組。
・武田鉄矢の泣いて笑って武者修行（１９８７年）

・坂谷一郎のミッドナイトパラダイス（1985年）
・アレヤコレヤ博物館（1981年）
・ジョギングクイズ（1980年）
・素人勝ちぬき大相撲（1975年）
・スタンダップニッポン（1974年）

どこかで聞いたことがあるような、ないような番組ばかりだ。この中で、視聴者から〝発掘〟されたのは、深夜の生放送番組『坂谷一郎のミッドナイトパラダイス』。

「ロフトプラスワン（のライブ）でテレビについて喋ったときに、中堅の放送作家からこの番組の名前が出たりしてカルト的には人気だった」

いとうせいこうは、番組についてそう証言する。

その実際の映像は、セクシーな女性がスタジオ後方に並び彩りを与えるいかにも80年代な画面。坂谷一郎らMC陣のセクハラ的な下ネタやエロオヤジ的な軽薄なノリで進行していく。

これを見て、いとうは「時代がモロ出しですね。色んな意味で意識が……」と苦笑い。「ああいうズケズケくるおじさんが真ん中にいるっていうのはこの時代まで」と評すと、井桁は「居酒屋の嫌な時間」と的確に形容する。

「見て！聞いて！坂谷さん」というビデオ投稿コーナーになると、子供が鯉を眺める映像やセミの抜け殻を食べる男の映像など、いままでの昭和のトークの雰囲気とは異質のＶＴＲが流れる。

そして３本目の投稿ビデオでその違和感が決定的になる。男性が話している間中、ずっと赤ん坊が泣いている。どこか不穏だ。すると画面と音声が乱れ「なんでここにいるんだっけ？　これからどこ行くんだっけ？」といった〝誰か〟の声が聞こえてくる。さらに突然、乳母《うば》車が動き出す。

スタジオに戻ると坂谷は口をあんぐり開けたまま何だかよくわからない受け答え。アシスタントの女性・朝戸わたるは構わず進行していく。

画質の悪さや時折入るノイズがこの後の展開への不気味さを際立てている。もちろんこの番組は額面通り「過去のテレビ映像を見る」番組ではない。『坂谷一郎のミッドナイトパラダイス』は架空の番組だ。『このテープもってないですか？』は全3回で、「いずれの回も『坂谷一郎のミッドナイトパラダイス』の映像を振り返るのだが、回を追うごとに不穏さが増していく。

なかなか話題になりづらい放送枠ながら、その後、ＴＶｅｒで配信されると大きな反響を巻き起こした。

『このテープもってないですか？』を企画・演出したのが、テレビ東京に２０１９年に入社した１９９５年生まれ、デジタルネイティブ世代の大森時生だ。

「僕の世代の問題なのかもしれないんですけど、ビデオテープの画質というのが生理的に不気味さを感じさせます。ｉＰｈｏｎｅの画質と比べても画素数も低いですし色の幅も狭い。それがなんか落ち着かないし、映像のノイズからも嫌悪感がある。加えてＶＨＳ特有の上書きをするという工程でより一層不気味さが増すのだと思います。都市伝説のものもあるのでしょうが、レンタルビデオ屋で何者かが上書きして1分だけ元の映像が残っていたみたいなことがあると聞きます。そういった意味で〝信頼できない語り手〟としての強度がＶＨＳにはあると思います。

今回の映像も一度VHSを介してデータ化しているんですけど、最初は新品のVHSでやってみるものの、いい感じに映像が劣化しないんですよ。どうやら何回も何回も録画して擦り減ったVHSを使うからあの微妙なノイズが出るそうで。最終的には映像編集のオペレーターさんの自宅にあったハイスタ（Hi－STANDARD）のライブが録画してあった貴重なビデオテープを使わせてもらいました（笑）」（大森）

大森は、「序章」でも紹介した通り、『山田孝之』シリーズなど数多くのフェイクドキュメンタリーを手がけた竹村武司が「20年遅れてようやく〝同志〟がテレビ界に来た」と感じた若きテレビマンのひとりだ。彼もまた竹村と同様に、テレビで放送されている99・9％の番組は「シンプルでわかりやすく楽しませるもの」、つまり「既製品」だと感じていた。しかし、そこからこぼれる「0・1％」に惹かれていた（※1）。

その中にフェイクドキュメンタリーもあった。『放送禁止』に衝撃を受け、『山田孝之の東京都北区赤羽』や『山田孝之の元気を送るテレビ』に圧倒された。思えば『このテープ』の水原恵理・いとうせいこうコンビは『山田孝之の元気を送るテレビ』のコンビだ。

もともとは「自分が作り手になりたい」という思いはなかったというが、テレビ局に入り、作れる環境になったときに「0・1％」の番組を志向するのは自然なことだった。

2回見たら怖いテレビ

彼が最初に注目を浴びたのは、『このテープ』の1年前の2021年、やはりBSテレ東で年末に4夜連続で放送された『Aマッソのがんばれ奥様ッソ！』だ。「芸能界のおせっかい奥様が日頃大変な思いをしている奥様たちのお悩み解決に大奮闘！笑いあり、涙ありのハートウォーミングバラエティです！」という番組公式HPの紹介文は、フェイクドキュメンタリーのようなコアな番組を好む視聴者からは真っ先にスルーされてしまいそうな内容紹介とタイトルである。

視聴率は「＊」だったという。つまり0・1％以下で計測不能。大森自身もリアルタイムで見ていた人は100人もいないのではないかと自嘲気味に振り返るが、『このテープ』同様、配信で話題に上り、放送1週間後にTwitterのトレンド入りを果たした。放送10か月後には非公式で切り抜かれた動画がTikTokでバズり再び火がつくという現象も起こった。

表向きはおせっかい奥様（金田朋子《かねだともこ》や紺野《こんの》ぶるま）が主婦のお悩みを解決するよくある自宅訪問ロケバラエティだが、その裏ではスタジオ内、ＶＴＲ内で明らかに不穏なことが起こる。つまり『放送禁止』と似た構造なのだ。ＶＴＲでおせっかい奥様がロケをする舞台が「大家族」や「集落に住む主婦」というのは、『放送禁止』へのオマージュも込められているという。一方で、『放送禁止』がそのタイトルで不穏さを提示しているのに対し、企画書での当初のタイトル案は『２回見たら怖いテレビ』と不穏さが目に見えてわかるものから、変更することにした。

「竹村さんと話したときに、そのままのタイトルで行くのはやめようということになりました。『２回見たら怖い』とタイトルで言ってしまうと、ある種の安心感が生まれてしまう。ショーとしての異物を見せられている感じになってしまう。そうではなくて、見終わった後にも、そのままショーが終わらないような余韻を残したいなと思ったんです。

主婦向けバラエティの体裁にしたのは、角が立つ言い方かもしれませんが、無味無臭を目指したかったからです。自分が一番興味を持てないような番組で余韻が残っているのが

一番いいんじゃないかと。見終わったあとのことを想像したときの気持ちを逆算したときにそう考えました」（大森）

番組は、スタジオでAマッソの加納と村上（現・むらきゃみ）が「芸能人が奥様の悩みを解決する密着VTR」を見てコメントをしていく構造。特徴的なのは、自宅訪問ロケだけではなく、スタジオ展開でもフェイクドキュメンタリー的な演出が紛れているということだ。VTRを見る番組では、スタジオのタレントは視聴者の目線に立って感想を代弁したり、VTRの意図がわかりにくいときはそれを説明したりする役回りが求められる。おかしなところがあればツッコんで笑いに変えるのも重要な役割だ。にもかかわらず『奥様ッソ』でのAマッソは、VTRとはあまり関係のない、どこまで本気かわからないトークを挟んでいく。後半になるにつれ、加納が「記念日を大事にしたい派だから、夜景の見えるレストランを貸し切りしてサバゲーした」と語るなど突飛な話も多くなる。しかも、肝心のVTR中の不自然さや不穏さについては一切ツッコミを入れない。

スタジオには密着VTRに登場するカルト集団の小道具なども置かれており、番組自体もカルト集団の一部であると暗示されているため、Aマッソが番組ではどのような立ち位置なのか、視聴者の間でも〝考察〟がおこなわれた。

「どこまで本当のことを言って、どこまで嘘を言っているかわからない、虚実の境界がそんなに見えない、かつ、ちゃんとスタジオで面白いトークをして成立させてくれる人と考えたら、すぐにAマッソが浮かびました。

演者さんにもよると思うんですけど、基本的には細かい設定を伝えないほうがナチュラルになると僕は思っていて。お2人には番組の一番大事なポイントとなる概念とトークテーマだけをお伝えして、架空のエピソードを話すようお願いしました。台本はほとんどないです。だってAマッソの加納さんが『ハムスターの鳴き声で肌がキレイになる』みたいなことをおっしゃっていましたが、僕には思いつきませんし（笑）。本当にわけのわからないことをすごいスムーズに話されていてびっくりしました。お二人のセンスですね」

（大森）

構成にはホラー作家の藤白圭《ふじしろけい》も参加している。『奥様ッソ』は『放送禁止』で言えば初期よりも中期くらいのイメージに近く、インターネット上で人気を集めた「洒落怖」や

「意味が分かると怖い話」などに近い。番組内で起こっているものがわからないまま終わると楽しみきれないため「7～8割の人は、1回見れば大体何が起こっているかわかるもの」にしたいと考えたときに、藤白の起用が浮かんだという。
「藤白さんは『意味が分かると怖い話』も出版されていて、それはフリがあってオチがあるショートショート。短い話の中でキュッと怖がらせるのを得意とされている方なので、やりたいことと合致しているなと思ってお願いしました」（大森）
TVerでは、本編で起きていたことの種明かしとも言える後日談もニュース番組の形で配信した。しかし、種明かしだけではない狙いが大森にはあった。
「番組本編では、密着VTRに登場した夫婦や子供はもちろん名前で呼ばれているんですけど、いざ事件としてニュースで取り上げられると、長女は未成年だから名前が出ない。物語だと思ったものが、いざニュースになると抽象化されてしまう。そこで一気に現実に戻されるような感覚を表現したいと思って、ニュース番組というフォーマットを使いました」（大森）

放送事故的フェイクバラエティ

一口にフェイクドキュメンタリーといっても本書で見てきたように様々な形式があるが、基本的にはフィクションであることが自明なドラマをドキュメンタリーの手法で撮った「ドキュメンタリードラマ」が多い。しかし、大森が作るフェイクドキュメンタリー作品は、『奥様ッソ』や『このテープ』のようにバラエティ番組のフォーマットを使用した、いわば、「フェイクバラエティ」だ。つまり、見かけ上ではバラエティ番組の体裁を取っているのだが、そこにフェイクドキュメンタリーの手法が組み合わさる。だから、〝放送事故〟的な不穏さが漂っている。

「よく知ったものの一部が〝ズレた〟ときに、かなりドキッとするというか、自分の内部を侵食されるような違和感を狙っています。ドラマよりもバラエティ番組のパッケージをそのまま生かすほうが、〝ボタンの掛け違い〟の感覚を与えられるかなと思っています。

たとえばバラエティの生放送で出演者のひとりが急に喋らなくなって、5秒間じっと一点を見つめるだけでも、放送事故に見えるじゃないですか。いま放送されているバラエティは、すべてが流れるように進行していくから、滞りなさすぎるんですよね。1秒の間ですら、違和感があるくらい〝殺菌〟されたものになっている。だから、その滞りのない進行からちょっとズレるだけで事故っぽく見えるんじゃないかと思います」（大森）

こうしたバラエティ番組のフォーマットをメタ的に使う手法は、『ここにタイトルを入力』（2021年〜、フジテレビ）などでほぼ同時期に注目された、同世代のディレクター・原田和実《はらだかずみ》（大森が95年生まれ、原田が96年生まれ）と比較されることが多い（ミニコラム⑨参照）。竹村は両者の番組に参加し、「同志」だと感じている。

「大森くんと原田くんにはほぼ同時に相談を受けたんです。2人はやりたいことや好きなことは違うんですけど、根底は一緒なんですよ。既製品のテレビはつまらないということ。だから両方とも、世間の人が思っている『テレビってこういうものだよね』というのを利用して作っている。

大森くんの場合、たとえば『奥様ッソ』では、サブ出しの映像はフェイクドキュメンタリーで、加えてそれをスタジオで見るAマッソすら嘘をついている。いわゆる本当に〝味方〟が誰もいない状態にしている。そこが原田くんとの大きな違いなんです。

原田くんの場合、戸惑うせいやさんとかツッコむ小峠（英二）さんとか、異常な状況に異常であると発することのできる〝常識人〟を入れるんですよ。その意味では彼らの存在は視聴者にとっては〝味方〟ではあります。やっぱりバラエティ畑の人でちゃんとバラエティのフォーマットに則ってバラエティを崩している。根底は同じなんですけど、そこが決定的に違うんです」（竹村）

昭和の概念

大森の思惑通り話題になった『奥様ッソ』だが、ひとつ〝誤算〟もあった。『奥様ッソ』は自身が初めて演出する作品だったため「何がなんでも視聴者に見つかろう」という〝下心〟があり、自分の趣向を抑えてかなりわかりやすく演出した。その結果、SNS等では「わかりやすすぎる」という声が上がったのだ。それを見て「次からは自分の好みの雰囲気をもうちょっと押し出してもいいのかもな、と背中を押された」（※2）感じがあったという。

大森はこの後、ネラワリという架空の国で放送された架空の言語を使ったクイズ番組

「ＲａｉｋｅｎＮｉｐｐｏｎＨａｉｒ」で「テレビ東京若手映像グランプリ２０２２」優勝を果たし、それを番組化した『島崎和歌子の悩みにカンパイ』（テレビ東京）を経て、いよいよ『このテープもってないですか？』に着手するのだ。

ずっと〝昭和〟という概念を使ったフェイクドキュメンタリーが作りたいと思っていた大森は、当初、「最近の時事を昭和風のニュース番組で取り上げる」という企画を立てたが、それを詰めていくうちに、昭和のバラエティ番組のアーカイブを振り返るフェイクドキュメンタリーに行きついた。「最近では『フェイクドキュメンタリー「Ｑ」』みたいな不気味なものが再生数取ってます、『フィルムエストＴＶ』みたいな昭和を再現するものが数字取ってます、『ＴＡＲＯＭＡＮ』みたいな〝ない〟ものをあるかのように作る概念が流行っています」と映像業界の成功事例を〝盾〟にして企画書を通したという（※３）。「最近のテレビに昭和を振り返る番組が非常に多いというのが着想になっているかもしれないです。それと前から好きだった〝呪いの伝播《でんぱ》〟という要素を組み合わせた形です」（大森）

構成にはホラー作家の梨が加わった。梨がｎｏｔｅで発表した「瘤談」は読者自身に考えさせて物語を補完させる怪談で、それを読んだときに『このテープ』でやりたいことと合致すると考え起用した。

「僕と梨さんの役割分担は曖昧というか、梨さんに聞いてもらってもたぶん同じようにおっしゃると思うんですけど、2人で雑談のように色々喋って組み立てていったので、どこまでが梨さんでどこまでが僕の部分なのかっていうのがもうわからないっていうのが正直なところですね。竹村武司さんたちに作ってもらったバラエティのパッケージをどのように崩していって、呪いが伝播していく雰囲気を作るかというのを話し合っていました」（大森）

ちなみに大森は会議のやり方も独特。プロデューサーから演出、ディレクター、作家はもちろんADまで含めての会議ではなく、基本的に1対1など少人数でおこなう。

「全体で会議をするとその人がいいアイデアを持っていても、それを言うかどうかは性格に左右されちゃう。年齢とか立場とかで発言しないことも多い。だから、各々と話す形式で進めています。だからたぶん、梨さんと竹村さんは1回も話してないと思います」（大森）

1985年に放送されていたという『坂谷一郎のミッドナイトパラダイス』では、「見て！聞いて！坂谷さん」というコーナーで視聴者投稿のビデオテープが紹介される。この映像は、ホラー映画監督・酒井善三《さかいぜんぞう》が監修した。ちなみに視聴者投稿ビデオ企画といえば、1986年から始まった『加トちゃんケンちゃんごきげんテレビ』（TBS）が〝元祖〟と言われているが、その1年前に実はあったというのが裏設定だという。

まず大森は、竹村と『ミッドナイトパラダイス』の台本を制作。それと同時進行で、梨と裏のストーリーやモチーフを考え、竹村が完成させた脚本を壊していった。第1夜は要所要所しか変えなかったが、第3夜に至ってはほぼ跡形もないくらい支離滅裂な内容にした。

従って、第1夜では、普段からバラエティを制作している西古屋竜太《にしごやりゅうた》にディレクションを任せて昭和のバラエティを〝再現〟したが、第2夜には酒井も入りホラー要素を加え、第3夜は酒井がメインとなり演出していくという手法が取られた。

当時の映像を再現するために画面比は4：3のサイズになっている。そのため現在のテレビで放送すると左右に黒い帯の余白ができることになる。『このテープ』では、それを利用し、この黒みに何かが映るといったギミックを使い恐怖を演出していた。

「梨さんと話しているときに出たアイデアなんですけど、あの黒い帯の部分に何か映せないかなと思い、本当に見えるかどうかギリギリの明度で映したんです。だから初見では気づけないんじゃないかなと思います。編集所でも、色々なテレビやｉＰｈｏｎｅ、Ａｎｄｒｏｉｄで再生して、半分の機器では見えないくらいの暗さにしました。あるメーカーのテレビではほとんど見えなくて、あるメーカーのテレビではうっすら見える、そのくらいのギリギリを狙いました」（大森）

わざわざ自分で補完して感じる不気味さ

第2夜になるとその不穏さは加速。スタジオの出演者たちのやり取りも支離滅裂で嚙み合っていなかったり、時折赤ん坊の泣き声のような声が聞こえたり、突然、出演者が異常なほど大笑いしたり、変な表情で固まったりする。投稿ＶＴＲも、背後を振り向き「うわー怖いよう」と怯えパニックになる子供など、怖い映像ばかりになっていく。その一方でスタジオの面々が妙にハイテンションなのが奇妙さを増幅させる。

ゲストの超能力者アリ・ミラーがスプーン曲げをしようと力を込めているときには、坂谷が「砂漠の楼城にはまった病の雑司、芒に月、出鱈目の坊主が真っ黒に塗りつぶした枯葉花、花の蕾の羽化とともに裏返ったパノプティコンの円筒みたいに！」という意味不明なフレーズを唱える。ちなみに第3夜の番組概要の説明文は、そこからの引用か、「芒に月、出鱈目の坊主が真っ黒に塗り潰した枯尾花。花の蕾の羽化と同時に裏返った全展望監視の円筒形、円筒と管と消化管、胃袋以外のすべてを露出した両生類」というもの。まったく意味がわからない。

いとうせいこうや井桁弘恵の表情も虚ろになり、「この番組すごい好きです」と井桁が唐突に言えば、いとうが「やっぱり明るいし賑やかでそれが我々の心の闇みたいなものを照らすという」と返しているように言動がおかしくなっていく。

さらには、第3夜の冒頭でも「いや、歓喜歓喜。これはもう大行進ものですよね」（いとう）、「やっぱりあれ以降、響きも増えたみたいですよね。音源というか。というよりも音叉《おんさ》なんですかね、あれは。ただいっぱい共鳴しているだけなんだから」（井桁）などと意味不明なことを言って高笑い。もはや番組は制御不能のような状態になっている。

「早い段階でこの番組のＭＣは絶対にいとうせいこうさんだというなんとなくの確信があったのを覚えていますね。せいこうさんは昔のテレビ番組やカルチャーへの造詣が深くて、それでいて、すべてを見透かすみたいな雰囲気があるじゃないですか。核心を突く人が、ちょっとずつその歯車がズレていくのってなんか怖く感じるんじゃないかと」（大森）

同じフェイクドキュメンタリーでも、『奥様ッソ』は見ていくうちに段々とフェイクだとわかっていく過程に面白さがある一方で、『このテープ』はフェイクだとわかってからが、その面白さを味わうスタートとなっており、ある種真逆の楽しみ方になっている。

「『奥様ッソ』は、ある種、謎解きに近いというか、何が起こっているのか答えを知りたくなる面白さだと思うんですけど、『このテープ』はまさにフェイクが入口で、徐々に穢れや呪いのようなものに足を踏み込んでいく雰囲気を味わってほしいと思って作りました。

僕と梨さんとの間ではかなり細かいところまで筋や設定を決めていました。その上で、どこを見せてどこを見せないかというジャッジが大事だと思っていて。当初予定していたよりも見せる部分を意図的に間引きました。

不気味さを感じる瞬間って、わかった瞬間じゃなくて、繋がりそうなものが繋がらないギリギリの瞬間じゃないかと思うんです。あと一歩で繋がりそうな気がして、自分でその間を補完して、勝手にその人の中で一番気分が悪くなるストーリーをなぜか自分で考える羽目になるところがフェイクドキュメンタリーの最大の魅力だと思うんです。『このテープ』は、自分で埋めたくなる感覚を擬似的に発生させたいと思って作りました」（大森）

ＴｉｋＴｏｋに『ミッドナイトパラダイス』の番組内のコーナーへの投稿者らしき人物のアカウントが存在するなど、普段我々が利用する実在のメディアにも映像やテキストを掲載することで、テレビだけで終わらない仕掛けも用意されていた。

「マルチメディアを使うと視聴者がわざわざ見に行くという行為が生まれるじゃないですか。別に見たくもない石の裏の虫を見に行ってしまう感覚というか。同じ場所で起こっているよりも、色々な場所で起こっているものを自分でわざわざ見に行くほうが、不愉快さや不気味さを感じるんじゃないかと思いますね」（大森）

自身が出演した『あたらしいテレビ２０２３』（ＮＨＫ、２０２３年１月１日）では、「視聴者の感情を強く動かしたい。笑った後に、笑ったことを後悔して吐きそうになるものを作りたい。嫌な気持ちにさせたい」と語っていた大森。彼が強く惹かれるのは「怖さ」よりもむしろ「不気味さ」だという。

「やっぱり僕はいまのところ感情として不気味さというのが好きなんですよね。それにテレビ自体が僕は不気味なメディアだと思うんです。勝手に流れてくるし、そもそも信頼の置ける人が作っているのかどうかもわからないのに、何か色々な人の検閲が済んだ公の映像であるかのように放送されている。そういうメディアで不気味なものを作ることに僕は魅力を感じています」（大森）

偉くなるためのハック

そして2023年5月には舞台をBSから地上波に移して『SIX HACK』（テレビ東京）が放送された。

「人間には2種類いると言われます。偉い人と偉くない人。みなさんはどっちですか？　きっと偉くない人でしょう。この世界はほんの一握りの偉い人がその他大勢の偉くない人を支配することで構築されています。ではここで問題。偉くなるためにはどうすればいいか。今夜は偉くなるためのハックをご紹介します」

ユースケ・サンタマリアが、薄暗いスタジオでそう宣言する。「正しいことをしたければ偉くなれ！」というのは、ユースケも出演した『踊る大捜査線』（フジテレビ）の名ゼリフだが、「偉くなるためのハック」をテーマにした全6回の〝ビジネス番組〟だという。ユースケの背後には観覧客が不気味に並んでいるが、とにかく不穏だ。


「最初に『偉くなる』というテーマが思い浮かびました。『偉くなるための方法』を伝える番組を考えたときに、ビジネス番組というフォーマットにたどり着きました。そして、大きなテーマとして陰謀論を取り上げたいと考えました。

陰謀論というのは〝自分だけが知っているハック（裏技的な工夫や思想）〟として考えることもできます。そのハック（陰謀論）だけで一点突破をして、うまく世界をサバイブできるという価値観は、ビジネス番組が提示する『これを押さえれば成功できる』みたいな感覚と近いのではないでしょうか」（大森）

ユースケは『このテープ』を見て、大森のつくる世界に魅了されたひとりだ。だから、ある意味リスクを伴うこの番組のMCのオファーも快諾した。

「フェイクドキュメンタリーに合う人って、失礼な言い方かもしれないですけど、目がビー玉みたいな人だと思っていて。たとえば、バラエティに出演して、盛り上がったり楽しそうにコメントしたりしていても、その人の内部に本当にその人がいるのかわからない人が合うと思うんです。山田孝之さんとか有田哲平さんとかいとうせいこうさんとかもそうですよね。ユースケさんはそのビー玉界の頂点みたいな方。だから完璧に演じてくださいました」(大森)

番組内では現代社会で「偉くなる」ためのハックが多数登場する。第1夜は「会議で勝って偉くなる」と題して昨今流行している「論破」の方法やまともに議論しないようにするスキルなどを伝える。

〈相手の発言を、個人の意見にすぎないと断定し、会議で優位に立つ〉というハック「Ｏｎｌｙ Ｙｏｕ(オンリー・ユー)」、〈質問側の意図をあえて曲解することで、論点をずらし回答をはぐらかす〉ハック「Ｒｉｃｅ Ｌｏｇｉｃ(ライス・ロジック)」、〈謝罪の意思を示しつつ、具体的なことを何も言わず今後の対応を有耶無耶《うやむや》にする〉「Ｎａｇａｔａ Ｐｈｒａｓｅ（ナガタフレーズ）」といった皮肉めいた技名とともに使用例もあわせて紹介している。第２夜では「ＳＮＳで勝って偉くなる」と炎上を起こすノウハウを伝授した。

それらは誰でも簡単に使えるようなレベルでまとめられているからこそ、ある種の危うさも感じてしまう。

「真に受けたとしても大丈夫なように作ったつもりですね。もちろん強調して描いている部分もありますが、偉くなるために本当にみなさんがやっていることなんじゃないかと思います。たとえば、何かの案を通すときに、こっちの上司に最初に話を入れておくみたいなことと似たようなことだと思います。紹介したハックは皮肉の効いたネーミングだと言われるんですけど、それは皮肉というより本当のこと。それが恐ろしいことだと思います」（大森）

テレビ以外の才能との化学反応

有識者としてＳＦ作家・樋口恭介《ひぐちきょうすけ》がキャスティングされ、構成にはダ・ヴィンチ・恐山《おそれざん》というテレビ畑ではない人物がクレジットされている。前者は彼の持つ「普通の考え方では正解にたどり着けない問題をSF的思考で物事を考えることによって、突破するアイデアや解決策が見つかるという思考法」がこの番組のコンセプトと合致した。後者は、SNSで『このテープ』が面白いと評価していたことがきっかけで知り合い、「世の中で起きている事象を検証、解体して、もう一度構築することが得意」で陰謀論にも造詣が深かったために起用した。

この番組に限らず、これまで見てきたように大森は、テレビ以外の才能を積極的に起用している。現実問題として、バラエティ番組はこれまで組んできた構成作家やスタッフに頼むほうが簡単だ。いちいち説明しなくてもテレビの〝常識〟を共有できるからだ。けれど、大森はできるだけ外の世界の人と仕事をしたいという。

「テレビの常識で仕事をしていない人達と組むと、『簡単に』というと語弊があるかもしれませんが、それだけでテレビにとって新しいことができるんです」（大森／※1）

番組では終盤に「脳のブレーキを外す練習」として、画面に表示されるカウントダウンに合わせてテレビのボリュームを上げるように指示される。「終了の合図まで無音だから安心してください」というアナウンスもされる。不安が残るものの、カウントダウンに合わせて指示通りに実際にボリュームを上げても、急に音を出して驚かせることはないまま、このコーナーは終了する。

「これは恐山さんのアイデアで、ただ見てもらうだけではなく手を動かして参加してもらう感覚を感じてもらいたかったんです。これまで僕の番組はBSで放送されることが多かったのですが、今回は地上波でBSと比べると10倍以上の人がリアルタイムで見ているとになる。心理学には、相手からの小さな約束を果たすことで、その相手への信頼感が上がる現象があるそうです。このコーナーを通じて、自分も参加してしまった、その番組に寄与してしまったという雰囲気を生み出せたらなと」（大森）

突然の放送打ち切り

「集合的無意識」と題された第3夜では、いよいよ怪しげな方向へと進んでいく。「人新《じんしん》世《せい》」「多元宇宙」「マズローの5段階欲求」「壁抜け」「真＝神（シン）」、そして「NoEyes」といった難解な〝専門用語〟が頻出していく。

「Ｎｏ Ｅｙｅｓは自分たちの存在を隠していて新しい時代に向かっていく人間に擬態しながら、我々人類全体の生活基盤であったりとか持続可能性だったり、そういったところに寄与するような耳に優しい言葉をささやきながら、その実、既得権益を貪っているような実態があります」と樋口は解説する。そういえば「ハック」を解説する人物は、目がない。

番組のエンディングにはこれまた意味不明な不気味な映像が毎回流れるが、1回目は1分程度、2回目は約5分、3回目には10分以上と回を追うごとに長くなっている。この映像は「ＭＡＤドラえもん」などで話題を呼ぶ映像クリエイターのＦｒａｎｚ ＫＥｎｄｏ《フランツ・ケー・エンドー》が手がけた。

「〝ある思想〟を広めなくてはいけないと危機感を持ったプロデューサーが番組を作っていたという設定だったので、その思想を伝える内容がずっと頭に入ってくるためにはあの映像が必要でした。Ｆｒａｎｚ ＫＥｎｄｏさんにしか作れない雰囲気が面白いなと思いますし、インターネットを介した画面ではなく、テレビで見るからこそのドキドキ感もありましたね」（大森）

この第3回を最後に放送が突如〝打ち切り〟となった。次週の番組表は『ＳＩＸ

HACK』から別番組の再放送に切り替わり、一時は『SIX HACK』の過去回も配信から取り下げられた。一連の流れを受けてSNS上では、放送と配信の中止ですらも大森による新しい演出なのではないかと、さかんに推察が交わされることになった。

後日YouTubeで「なぜ極めて偏った思想の番組が放送されてしまったのか」「なぜ誰も止めることができなかったのか」の2点について、インタビューと再現ドラマを通じて説明する『検証』と題された動画が公開された。この動画では、仮名でこそあるが大森自身が主人公になっている。

「僕が主人公になりたかったっていうより、僕以外でやると、それはちょっと倫理的にどうなんだって思ったところがありました。主人公は現実と虚構の区別がつかなくなってしまった人で、その人が原因でこういうことが起きてしまったという話なので、自分以外の人にするのは、その人になんか変なリスクを負わせることになってしまいますから」（大森）

主人公は陰謀論におかされていく。普段信じるわけがないと思っていても、その壁の脆《もろ》さの恐ろしさが描かれている。「確固たるものだと思っていたものが徐々に何か別のものに侵食されて融解していく様にもっとも恐怖＝面白さを感じる」（※2）という大森の〝フェチ〟が表出したものだろう。

「陰謀論におかされる怖さももちろんですが、僕は陰謀論を笑うこと、面白がることに危うさを強く感じるんです。マルチ商法でもよく使われるテクニックですが、あえて面白い雰囲気やツッコミどころを残しておくことで、相手にツッコませることは、相手をその文脈に乗せていくということと地続きになっていると思います。

ＴｉｋＴｏｋで一時期バズっていた『大大大大大出世！』のコールを、みんなが面白がって真似した動画を数多くあげていましたが、それはまさにその思想に乗っかってしまうということ。笑うことが思想の内部に近づいてしまう怖さがあると思うんです。ネタにする人自体は内部に取り込まれるまではいかないかもしれないけど、それを見た他の人を内部に引っ張る要因になったりする。『ＳＩＸ ＨＡＣＫ』もギャグ的な要素を笑って、面白がってツッコんでいたりすると、内部に取り込まれてしまうというのをプロデューサーは狙っている、という構造なんです」（大森）

「もうとっくにダメです」

大森の作品は、これまで必ずと言っていいほど、ネット上で大きな話題になっている。

「やっぱりテレビは、基本的に清廉潔白で完成されていて、〝すごい食べやすい食べ物〟のようだと思うんです。テレビでは、違和感があることは絶対に起こらない。その中で僕が作ろうとしている映像や違和感は、テレビの中ですごく異物になりやすい。ちょっと余白をあけて、視聴者に補完してもらうというか、自分で考えてもらう。そういう余白があるから、SNS上で感想をつぶやいたり、周りの人に見てよって勧めていただいたりして、ありがたいことに話題にしていただいているのかなって思います」（大森）

テレビでフェイクドキュメンタリーを作ることの難しさや意義はどんなところにあるのだろうか。

「難しさは社内では評価されないってことですかね（笑）。フェイクドキュメンタリーは別に視聴率が取れるわけでもなければ、レギュラー放送のように継続できるものでもない。それはテレビがビジネスとして本来求めていることと乖離《かいり》してしまっているんです。

それでも僕がフェイクドキュメンタリーを作っているのは、テレビはカルチャーの担い手だと思っていることが一番大きいかもしれません。テレビに映し出してきた様々なカルチャーに憧れてテレビ局に入ったので、いかにカルチャーの担い手としての矜持《きょうじ》を持って作っていけるか、姿勢を曲げないことは大事なことだと思っています」（大森）

『このテープもってないですか？』第3夜のエンディングでいとうせいこうは水原アナの「いかがでしょう」というざっくりした問いかけにこう答えた。

「そう言われても、『もうとっくにダメです』っていうくらいしかいまさら言うことないんだけど……」「もうすぐなんで、大丈夫です」

「この数年で〝わかりづらい不気味さ〟のムードの高まりを感じますね。たとえばホラー映画でもジャンプスケア的な〝驚く〟と〝怖い〟の組み合わせ的な表現よりも、じっとりと起こっている不気味なことを面白がる人が増えている気はします。

最近話題になった『近畿地方のある場所について』という本も、不気味なことがいっぱい起こってそれが繋がっていくストーリーですけど、明確な答えをクリアに提示するわけではない。そういった〝わからない不気味さ〟が受けているのは、『もうとっくにダメです』というような、心のどこかで、〝もう自分が何をしてもダメな気がする〟という感覚があるからなんじゃないかと思います。これから10年後、めちゃくちゃ明るい未来が待っていると想像ができる人は、特にいまの日本においてはあまりいないと思うんですよ。だからこそ、崩れかけている砂山を1回崩してしまいたいみたいな感じがあるんじゃないかと思いますね」（大森）

長い歴史の中で既製品ばかりになってしまったテレビ。けれど、だからこそ、大森がつくる不気味なフェイクは、その歴史全部が振りになって効く。テレビの、そして日本社会の不穏で不確かな「いま」を不気味なほど映し出している。テレビの未来は決して明るいとは言えないのかもしれない。とかく「もうとっくにダメ」などと言われがちだ。しかし、砂山を崩すかのように新しい表現に挑戦している大森を始めとする若き作り手たちの存在は希望であり、それが間違いであることを証明している。

※1　「ＴＯＫＩＯＮ」２０２３年5月25日より
※2　「ＣＩＮＥＭＡＳ＋」２０２３年3月30日より
※3　「ＱＪ ｗｅｂ」２０２３年3月23日より

※特に注釈のない大森時生氏と竹村武司氏の発言は、２０２３年にそれぞれ個別に実施した取材時のもの。

ミニコラム⑨

テレビの脱構築

「あれでもうTVの脱構築が『©原田』になっちゃったな、と（笑）」（※『brutus.jp』22年7月15日）

バラエティのフォーマットで先鋭的なフェイクドキュメンタリーを作ってきた大森時生がそう脱帽する人物こそ、フジテレビの若手ディレクター・原田和実だ。「あれ」とは、彼が手がけた『ここにタイトルを入力』のことだ。

そもそも原田のキャリアのスタートもフェイクドキュメンタリーだった。片岡飛鳥《かたおかあすか》が企画・構成をした若手ディレクター育成番組『5 6 7↑8』（2 0 2 1年3月）にまだ入社1年に満たないADだった原田は「H」として番組に参加。テレビ東京の『ハイパーハードボイルドグルメリポート』のタイトルをもじった「ハイパーハードボイルドひとりリポート」で劇団ひとりに密着。彼は「売れたくない」とうそぶき「売れる」ために必須の「好感度」を度外視した振る舞いを繰り返し、ついにはディレクターとケンカになってしまう、というものだった。

この年の11月、入社2年目で立ち上げたのが『ここにタイトルを入力』だ。翌年には6回限定でレギュラー化、2 0 2 3年にも特番が放送されたこの番組は、既存のバラエティの構造を「予算がない」「人がいない」などといったマイナスの〝事情〟で崩した上で、再構築している。

いわゆるひな壇トーク番組「バイきんぐ小峠の今夜もグダグダ気分」では、会話が噛み合っていなかったり、なんだか様子がおかしい。なぜなら、先にひな壇のブロックの収録を済ませ、それに小峠が後からMC部分を付け加えるというものだったのだ。つまり「もしも、多忙でスケジュールが合わなかったら」という実験だ。クイズ番組「クイズ・ファイブセンス」で解答者として出演した小峠は鏡を挟んで顔半分だけを出している。しかも時折、番組とは関係のない意味不明のことをつぶやいている。これは「もしもダブルブッキングがあったら」の〝解決策〟で小峠は同時にふたつの番組収録に参加していたのだ。「撮影したデータが全部なくなってしまった」という〝トラブル〟があった街ブラ番組「フワちゃんの浅草のんびりツアー」では、街の定点カメラの映像を使用。フワちゃんの声がうっすらと聞こえ、目を凝らすと人混みの中、遠くにど派手な格好をしたフワちゃんが見える。その後も、YouTuberの撮影に見切れている姿や、収録の模様を通行人がスマホで撮った映像、車載カメラの映像など、街中いたるところにカメラがある現代ならではの映像を駆使した編集が心憎い。「真夜中のおしゃべり倶楽部」なるトークバラエティでは、「裏被り」が怖いという理由で、出演者が映っているシーン・音声をすべて差し替え、空っぽのスタジオと発言テロップのみを画面に映し進行した。「あの映像だけで視聴者が脳内再生できるっていうのはTVの歴史の勝利」（※同前）と原田自身が言うようにテレビをよく見ていればいるほど楽しめる構造になっているのだ。

2023年に制作した「ごきげんな〝結果〟をたくさん見ていく番組」というコンセプトの『ケーキのかわり』では、「ホワイトハッカーがネプリーグでおなじみファイブボンバーの爆弾を止めた結果」などといった企画を検証。同年の『有吉弘行の脱法TV』は「テレビで出来ないとされていること」を有吉が抜け穴を探してなんとか実現しようとする番組。たとえば「乳首の落書きを徐々にリアルにしていったらどこまで放送できるか」を検証し、「これ以上放送できない」と局のコンプライアンス委員会が判断したタイミングでカラーバーが入りVTRが強制終了という仕組みで、いかにコンプライアンスが曖昧模糊なものかを浮き彫りにした。テレビというフォーマットで遊び尽くしている。

終　章――フェイクの行方

Ⓧ〝フェイク〟が予見するテレビの未来

～『ニッポンおもひで探訪』（2023）

本書を執筆さなかの2023年11月、とある番組の概要文が目に止まり、そこはかとない違和感があった。それは11月19日放送の『ニッポンおもひで探訪～北信濃 神々が集う里で～』という番組だ。

「実りの秋。北信濃の集落を俳優・宍戸開が旅する。郷土料理に舌鼓。伝統の獅子舞にかける人々の思いにふれる。おそらく、この番組は伝統的な紀行ドキュメンタリー。豪雪地帯として有名な長野県飯山市、厳しい冬を前に実りの秋がやってきます。宍戸開さんが訪れたのは山間にある小さな集落。山暮らしの知恵が詰まったごちそうでおもてなし。ある天ぷらに宍戸さんも驚愕。神々が集うというこの場所でおこなわれる秋祭りにも参加します。伝統の獅子舞にこめられた熱き思い。変わりゆく時の中にあっても、ふるさとを愛する人たちの生き様に耳を傾けます。どうか旅の最後までおつきあいください」

「この番組は伝統的な紀行ドキュメンタリー」の前に添えられた「おそらく」という言葉。「どうか旅の最後までおつきあいください」とわざわざ謳われているのも気になる。

何しろ、この作品が放送されるのが『ドキュメント20min.』。この番組は「これまでの演出・文法・テーマから自由な若手制作者たちが、新しいテレビの形を模索」すると銘打った若手実験枠なのだ。普通の「伝統的な紀行ドキュメンタリー」が放送されるはずがないとテレビっ子の僕は直感した。本書の執筆でその嗅覚が研ぎ澄まされていたからだろうか、これはリアルタイムで見なくては、と思い視聴した。

冒頭、『ニッポン探訪～北信濃 神々が集う里で～』というタイトルが画面にあらわれ、「旅人」の宍戸開が「伝統的な紀行ドキュメンタリー」風に「長野県は飯山市に来ました。実り多きどんな出会いが待っているのでしょうか。楽しみです」とリポートを始める。

宍戸が訪れたのは、豪雪地帯にあるという長野県の集落「沓津《くっつ》」。

まず小川で釣りをしている老人に出会う。杉がたくさん生えているこの地域。「この集落で花粉症はいなかった」と老人は言うが、近くにいる子供は鼻をすすっている。

正直、僕はもうこの時点でこれがフェイクドキュメンタリーであることを確信した。

その後も、天ぷらをごちそうしてくれた女性は「すぐそこに家があったんだけど、みんな潰れちゃって」とつぶやいたり、のどかな風景……なのだが、どこか違和感がある。なんだか不穏な気さえしてくる。ホラーなのか、ミステリーなのか、あるいはコメディなのか、どんな仕掛けがあるのか身構える。

神社では、住民が一丸となっておこなっているという秋祭りの準備が進められている。天狗による悪魔祓いや獅子舞が「おんべ舞」と呼ばれる舞を見せる祭りが終わると、宍戸が「代々続いていくといいんじゃないですかね」と感想を述べて番組が締められる。

「あれ？　これで終わり？」

エンドロールが流れ始めるが、20分あるはずの番組なのにまだ約10分しか経っていない。そのとき――。

宍戸がある石碑を見つける。石碑には「離村記念碑」と刻まれている。そう、ドキュメンタリーの舞台である沓津は既に廃村になっていたのだ。そして冒頭に出た『ニッポン探訪』というタイトルに「おもひで」が加えられ、本当の〝本編〟が始まる。本作は、かつての住民による1日限りの集落とその伝統行事の〝復活〟を描いたものだったのだ。

今野勉の「天が近い村」（ミニコラム⑥を参照）を思わせるが、フェイクドキュメンタリーをフリに使って、意義深い感動的なドキュメンタリーを成立させるというのが革新的だった。

番組を企画・演出したのは入局8年目の木村優希《きむらゆうき》。大森時生や原田和実、南斉岬《なんざいみさき》らとほぼ同世代だろう。これまでフェイクドキュメンタリーの作り手は外部の人材が多かったが、若い世代、しかもプロパーの局員がフェイクドキュメンタリー的手法やメタ的視点で〝新しいテレビ〟を生んでいる。これは紛れもなくテレビの希望だ。

フェイクドキュメンタリーの新たなフェーズ

翌月の2023年12月には『水曜日のダウンタウン』（TBS）が、「バラエティに出たことのない新人タレントならスタジオ展開が一言一句台本通りでも信じちゃう説」内のニセ検証「銃で撃たれた事がある日本人探せばギリいる説」でロシアンルーレットを通過儀礼にしている島「露島《ろしま》」に密着するドキュメントを放送したが、それは典型的なフェイクドキュメンタリーをパロディにしたものだった。また、竹村武司は同年、コント・演劇ユニットのダウ90000を起用した『ダウってポン』（Paravi、現在はU－NEXTと統合）で「フェイクドキュメンタリーをつくるフェイクドキュメンタリー」というメタが重なった複雑な作品を制作した。YouTube配信で人気の『フェイクドキュメンタリー「Q」』は、あえて「フェイクドキュメンタリー」と冠することで逆に「実は本当ではないか」と深読みしてしまう構造を生んだ。

フェイクドキュメンタリーが新しいフェーズに入ったと言えるだろう。思えば、大森時生は取材の最後にこう語っていた。

「フェイクドキュメンタリーって単語は徐々になくなっていくのかなっていう印象はあります。たとえば『呪詛』のような大ヒットした映画の中でもフェイクドキュメンタリー的な手法はさりげなく紛れている。フェイクドキュメンタリー的手法を1個使った上で、フィクションとしてのクオリティや強度を高めていく使われ方が増えていく気がします」

そんな大森時生は、2024年4月から、寺内康太郎や皆口大地らYouTubeで『フェイクドキュメンタリー「Q」』を発表し話題を呼んでいる制作陣と組んで、『TXQ FICTION』と題した番組を立ち上げた。これはタイトル通り「フィクション」を強調したフェイクドキュメンタリーを不定期ながらシリーズで制作する試みで、公開捜査番組をモチーフにした「イシナガキクエを探しています」が放送されている。

50年前、今野勉とともに「事実」と「虚構」の境界を探りながらテレビの表現を開拓していった伊丹十三は、ある時期、「映画的であることよりもテレビ的であることのほうが面白い」と語っていたという。その真意を今野がこう代弁している。

「その面白さは何かというと、撮る方法やスタイルが映画のように決められていない点です。（中略）『そんなやり方はありえないよ』とかいう話はしなくて、何でもOK。なぜかテレビにはスタイルがなくて、逆に自分たちが作っていけばいい。それを誰かが真似してもいいし、自分たちで終わってもいい。そんな自由さが、伊丹さんにとって非常に面白かったんじゃないかな」（※今野勉：著『テレビマン伊丹十三の冒険』（東京大学出版会）

そう、テレビは本来、もっと「自由」でなんでもありなものなのだ。その自由の象徴のひとつが『放送禁止』以降表現方法が模索されて、2024年に最盛期を迎えた現代のテレビ・フェイクドキュメンタリーに違いない。

テレビの未来

ダウ90000の蓮見翔《はすみしょう》は、2024年の1月8日に放送された『あたらしいテレビ2024』（NHK）でおこなわれた座談会の中でこんなことを語っていた。

「テレビは視聴者をバカにしてるし、視聴者はテレビをバカにしてるから、なんかダッサいんっすよ、両方。両方マウントを取り合ってる感じ。自分らのほうが世の中を俯瞰で見れてますって両方が思い合ってるせいで気持ち悪い状態になってる。ずっと面白いものを作ってるし、テレビなんて。面白いものあるし、探せば」

これはテレビと視聴者の関係性をクリティカルに批評したものと言えるだろう。

いまやＳＮＳで視聴者のリアルな声は可視化された。よりダイレクトにその声が届くことの功罪はあるだろう。称賛の声で埋もれていた番組が配信で脚光を浴びたり、苦言で制作者の価値観に気づきを与えることもある。一方で、批判の声に必要以上に萎縮したり、インターネットと親和性の高い人物ばかりがキャスティングされる傾向になったりする弊害もある。

いわゆる「考察ブーム」は、いい意味でも悪い意味でも物語の作り方を変えたと言えるかもしれない。

『フェイクドキュメンタリー「Ｑ」』について、種明かしを絶対にしないと公言している寺内康太郎は、「視聴者のコメントを、100％無視できる作者っていないですからね。無意識にせよ、なんらかの影響は受けている」と認めつつ、こう続けている。
「でも、コメントを見ているとみんなすごくリテラシーが高いこともわかるので、お客さんを以前より信頼できるようになった気はしますね」（※「リアルサウンド」2023年7月23日）
それはネットでもテレビでも同じだ。フェイクドキュメンタリーにおける「フェイク」は作り手の受け手である視聴者に対する「信頼」の証明に違いない。「この遊びに付き合ってくれますよね？〝共犯関係〟になってくれますよね？」とフェイクを仕掛ける。その申し合わせを受け取った視聴者は、限られた情報をもとに自分たちの想像力と探究心でそこから〝真実〟を導き出そうと模索する。それこそが、作り手と受け手の幸福な関係性ではないか。
それは別にフェイクドキュメンタリーに限った話ではない。本書の取材を通して、ほとんどの作り手が口を揃えていたのが、フェイクドキュメンタリーとそうではないとされているものは、本質的には変わらないということだ。面白い番組、優れた表現には必ずフェイク的な企みが内包されている。それはドキュメンタリーもドラマもバラエティも変わらない。フェイクドキュメンタリーはその象徴にすぎない。

視聴者への信頼をもとに愉快犯たちは自由な発想でイタズラのような仕掛けを〝発明〟していく。僕ら視聴者はそれを全力で受け取り、解き明かし、時に騙される快感に浸る。

その幸福な出会いがテレビの表現の可能性を拡張し、未来を作っていくのだ。

ミニコラム⑩

注釈テロップ

1990年4月5日、『EXテレビ』木曜日版（読売テレビ）の初回放送はいまも語り草になっている。上岡龍太郎《かみおかりゅうたろう》が固定カメラのワンショットで約1時間「テレビ論」を語るというもの。いまでも色褪せないテレビ批評だ。その中で視聴者からの抗議を過度に気にする傾向を批判。その一例として、テレビドラマに添えられる「このドラマはフィクションであり、実在の人物・団体とは一切関係ありません」といったテロップを挙げた。いちいち言わなくても普通の人間ならばわかる。けれど、ほんの一部の抗議する人間のためにそんなことをしなければならない現状を嘆いていた。それから30年以上経った現在、視聴者の抗議に萎縮《いしゅく》する傾向はますます高まっている。

上岡が槍玉にあげたそのテロップは実際、局側の強い要請でつけられることがほとんどだという。もちろんフェイクドキュメンタリーとて例外ではない。しかし、その性質上、「このドラマはフィクションであり～」などと普通に表示してしまったら興ざめ。だから、フェイクドキュメンタリーの作り手たちは、その部分にも工夫を凝らしている。本文でも触れたものもあるが、それらを改めてまとめてみたい。

まずもっとも有名で象徴的なのが、やはり長江俊和による『放送禁止』だ。「この番組はフィクションです／しかし以下の事象・人物は実在します」と劇中に登場したリアルデータや専門家たちを紹介した上で「事実を積み重ねる事が必ずしも真実に結びつくとは限らない……」と続く。その長江による近未来SFフェイクドキュメンタリー『Dの遺伝子』は「この番組は現時点ではフィクションです」だった。『このテープもってないですか?』の「この番組の一部はフィクションです。該当箇所は、実在の人物や団体などとは関係ありません」のように、「一部」がフィクションだとして、それ以外は……?　と思わせるテロップも少なくない。『キン肉マンTHE LOST LEGEND』は「このドキュメンタリードラマはフィクションを含んでいます」、『超特急、地球を救え。』は「このドラマはフィクションですが、一部ノンフィクションでもあります」、『谷村美月17歳、京都着。恋が色づくその前に』は「この番組はフィクション部分とノンフィクション部分とで構成されています」だ。

実在する岡本太郎の思想をもとに作劇された『TAROMAN』は、『タローマンヒストリア』以降、「この作品における人物、事件その他の設定は、すべてフィクションであります。ただし、岡本太郎の作品と言葉は実在する」というテロップがつけられた。合コンモキュメンタリー『男女は夜な夜な嘘をつく』でも「この番組に登場する人物・団体・名称等は実在します。しかし……この物語はフィクションです」、『27時間テレビ』内で放送されたSMAPによる「俺たちに明日はある」は「実在の人物や団体が登場しましたが、このドラマはフィクションです」だった。フェイクドキュメンタリーではないが本人役ドラマのテロップでも類似した傾向が見られる。『古畑任三郎』の「古畑任三郎vsSMAP」は「この事件は創作です／古畑任三郎は架空の刑事でありSMAPは架空のSMAPです」、『さすらい温泉♨遠藤憲一』は「この物語はフィクションであり、実在する人物・団体とは関係ありません。が、遠藤憲一さんは本物です」、『捨ててよ、安達さん。』は「この物語はフィクションです／実在の人物・団体とは関係がありません／が、実在する安達祐実とは少々関係がございます」、『バイプレイヤーズ』では「このドラマはフィクションです。実在の人物・団体等とはあまり関係ありません」だ。

『Aマッソのがんばれ奥様ッソ！』で「不自然だと思ったあなたは自然です」というテロップをつけた大森時生は、ライブイベント「祓除《ふつじょ》」と連動して放送された『祓除事後番組』で「祓除の一部はフィクションであくまでフェイクドキュメンタリーです。該当箇所は実際の人物・団体とは一切関係ありません」とあえて「フェイクドキュメンタリー」という文言を使用している。また『ＳＩＸ ＨＡＣＫ』の「検証」動画では「この番組は全てフィクションです。実在の人物や団体などとは関係ありません」とあえて「全て」と強調することで不自然さを醸し出している。

『撮影の、一切ないドラマ 蛭子さん殺人事件』は「この物語はフィクションであり、そしてすべてのメディアは、多かれすくなかれ、編集という選択と、解釈という主観的行為から逃れられないという意味において必ずフィクションです」とメディア論かのようなテロップ。そして、ドキュメンタリー＝事実という先入観を利用してもっとも端的にフェイクドキュメンタリーの特性を言い表したのが、松岡茉優＆伊藤沙莉主演の『その「おこだわり」、私にもくれよ!!』のこのテロップだ。

「このドキュメンタリーはフィクションです」

フェイクドキュメンタリーを制作する作り手たちは、細部にまでこだわってその世界観を構築している。だからこそ、冒頭や最後に一瞬出るだけのテロップにも手を抜かない。不特定多数の視聴者が見るテレビゆえに、入れなくてはならないテロップが、その工夫によって、テレビならではのフェイクドキュメンタリーのアイデンティティを示す象徴的な文言になっているのだ。

特別対談

『さよならテレビ』土方宏史 × 『放送禁止』長江俊和

２０１８年に放送された土方宏史《ひじかたこうじ》・演出、阿武野勝彦《あぶのかつひこ》・プロデュースによる『さよならテレビ』（東海テレビ）はローカル局の硬派なドキュメンタリーながら大きな話題となり、２０２０年には再編集版が映画公開された。

テレビ局の内部にカメラを向け、「セシウムさん事件」（※１）を巻き起こした番組で当時司会だったアナウンサーの福島智之《ふくしまともゆき》、元新聞記者のベテラン外部スタッフ・澤村慎太郎《さわむらしんたろう》、若手派遣社員・渡邊雅之《わたなべまさゆき》の３人を主人公に据えて、テレビ報道現場の現状や課題を浮き彫りにした。最後に澤村は土方に問いかける。

「ドキュメンタリーにとって現実ってなんなんでしょうね？」

そしてエンディングでは、フェイクドキュメンタリーで使われるような、いわばネタバラシ的カット（土方が澤村を焚き付ける場面など制作者側の〝作為〟を感じさせるシーン）があり、視聴者をいい意味で〝混乱〟させ物議を醸した。

ドキュメンタリストは、フェイクドキュメンタリーをどのように見ているのか。そして、フェイクドキュメンタリーとドキュメンタリーにおけるリアリティの生み出し方の相違点とか何か。

もっとも挑戦的で先進的なドキュメンタリーを作るドキュメンタリストのひとりである『さよならテレビ』の土方宏史氏と、現代のテレビ・フェイクドキュメンタリーの第一人者である『放送禁止』の長江俊和氏に特別対談として語っていただいた。

『さよならテレビ』は『放送禁止』の影響？

――土方さんはフェイクドキュメンタリーをご覧になっていますか？

土方　リアルタイムではなかったんですけど、最初に見たのは『放送禁止』だと思います。

僕は報道部に来る前、バラエティや情報番組を作る制作部にいたんですけど、その同僚が録画したやつを持ってきて、みんなで見ようと。昭和スタイルですけど（笑）。そこからＤＶＤ－ＢＯＸを購入して何回も見ました。『ドキュメンタリーは嘘をつく』は、報道に行ってから森達也さんは凄いなというのがあって見ましたし、松江哲明さんを個人的にリスペクトしているので『山田孝之の東京都北区赤羽』も見ました。ただ、あまりフェイクドキュメンタリーとして意識して見たわけではないですね。むしろ、フェイクドキュメンタリーですって言われてたら見てなかったかもしれないです。

長江　得体のしれないものを見るみたいな。

大森　そういうところが楽しくて。こうしてリストを見て初めて、ああ結構見てるなと初めて気づいた次第です。

長江　まず確認なんですけど、『さよならテレビ』はフェイクドキュメンタリーではないですよね？

大森　フェイクドキュメンタリーじゃないです（笑）。僕も最初、この対談のお話いただいたときに自分の作品がフェイクドキュメンタリーという認識がないんですけどいいですか？って確認したんです。

——あくまでもドキュメンタリーの作り手から見たフェイクドキュメンタリーという視点で語ってもらいたかったんです。その上で、『さよならテレビ』には、フェイクドキュメンタリーでよく使われるような演出がある。それをドキュメンタリーで使った意図もうかがいたかった。

土方　この対談が決まってから、もしかしたら『さよならテレビ』における最後の演出っていうのは、自覚的ではなかったですけど『放送禁止』から来ていたのかもと思いました。

長江　あのエンディングをやるというのは、最初から決めていたんですか？

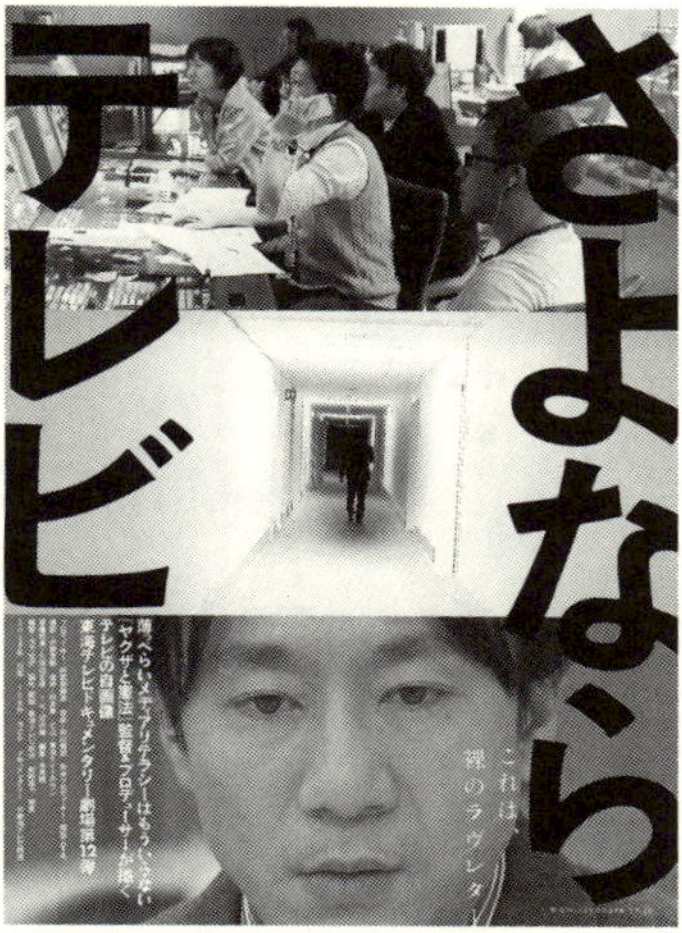

映画公開からわずか２か月でドキュメンタリー作品としては異例の２万人以上を動員した

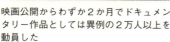

土方　いえ、取材に入った段階ではなかったんですが、大体半分くらいまで取材が来たところで、もちろんエンターテインメントとしてのオチとしてネタバラシの意味合いもありますし、何より自分たちへの断罪といいますか、最後に自分たちも刺して終わらないとフェアじゃないと思ったんです。悪質性で言えば取材対象者よりこちらのほうが上ですから。同業者から批判もされましたけど、自分たちの中ではあれ以外の終わらせ方はなかった。

長江　たとえば作品の前半で編集長が土方さんたち取材班に怒っていますけど、あれは本当に怒っている？

土方　もちろん怒ってましたし、いまも怒ってます（笑）。いまでも肩身がせまいというか、冷や飯を食ってます。誰も演技している人はいないですね。もちろんカメラが向けられているんで、その中に普段は言わない自分の言いたいことをあえて言っている人はいるでしょうけど、基本的にはみんなそのままです。

長江　ベテラン記者の澤村さんが、「報道とは？」みたいなジャーナリズムを語るのは、ちょっと〝注入〟したからですよね？

土方　そうですね、ただ彼はもともとそういうことがすごく好きなんです。僕が注入したのは、自分が考えた企画を実行に移すのが苦手な彼を焚き付けて、その背中を押したくらいですね。

長江　なるほど。

土方　そこはだから「ドキュメンタリーは本当に真実なのか？」ってところに関係してくるんですけど、こっちはこういうところを聞きたい、向こうはこういうことを言いたいっていうのがあって、これが合致すると、嘘ではないけど、〝共犯関係〟みたいなことが起きうるんですよね。演出じゃねえかって言われたら、確かに、もしかしたら厳密には真実じゃないかもしれないという。だからフェイクドキュメンタリーではないですが、テーマのひとつとして、「本当に真実が描けるんでしょうか？」「ドキュメンタリーのほうが真実っぽいものができてしまうし、騙されやすいのかもしれませんね」っていうのが織り込まれています。だけど、全部リアルに起きていることを描いています。

長江　でも、『さよならテレビ』でやっていらっしゃることというのは、普通にドキュメンタリーでなさっていることですよね？

土方　そうです。それをあえて最後に見せているというだけです。だから自分の中で倫理的に一線は越えていない。焚き付けはしましたけど、彼が実際に考えていない企画をやらせているわけでもないし、渡邊くんという若い派遣社員に僕がお金を貸しているシーンがありますけど、あれも彼が貸してほしいって言ったから、貸しているところを撮っただけ。

長江　気になっていたんですけど、お金は返してもらったんですか？

土方　返してもらってないです（笑）。返してほしいけど、やっぱり自分の中で共犯関係というか、どこかで自分も彼のことを利用したっていう負い目があるから、返すのは当たり前だろと強くは言えない。

長江　そういう最後に流れた土方さんたちの〝作為〟を映したシーンというのは、ホントにその瞬間を撮ったものなんですか？

土方　そうです。取材が始まって早い段階で、絶対に自分たちも作品のテーマに入ってくるはずだから、カメラマンに自分たちも撮っておいてくれってお願いしていたんです。

長江　普通はそういうシーンは回さないですよね。だから、最後に改めて撮ったのかなと思ったんです。

土方　もしかしたらその可能性もあったんですけど、もしやるんだったら、それ自体もネタバラシに使っていたと思います。

2人に共通する〝源流〟

土方　『放送禁止』を制作部で見ているときはエンターテインメントとして見ていたんですけど、報道部のドキュメンタリーのメンバーで見たときに話題になったのが、どうやってあんなにリアリティのある画が撮れるんだろうということでした。第2弾の「ある呪われた大家族」くらいまでは、まだこれは演出だなってわかる部分もあるんですけど、個人的に一番好きな第3弾の「ストーカー地獄編」になると、もうまったくわからない。

長江　でも、完全にリアルにやろうとすると無理なんですよね。『放送禁止』は、ドキュメンタリーを模したドラマとして作っていたから、普通はカット割りしていくものを、本物っぽく見える人を入れてカット割りもせずにカオス的な撮り方をして、ドキュメンタリーっぽく見せているんですけど、そこにちょっと嘘っぽく見える違和感を残すほうが、ジャンル分け不能な見え方がするんです。

土方　どこまで役者さんに情報を入れているんですか？

長江　やり方としてはオーディションを徹底的にやる。普通はセリフを言ってもらうけど、設定だけを与えて、その人物になりきってアドリブでインタビューに答えてもらうんです。台本も役者さんに渡すのはドキュメンタリーの構成台本のようなもの。一方で、僕らはしっかりとした台本があって、それに近づけるように何回も撮り直すことがありますね。

土方　カメラマンはドラマ畑の方なんですか？

長江　なんでもやる方ですね。ドラマも映画も密着系のドキュメンタリーも撮っています。

土方　カメラワークがめちゃくちゃ難しいだろうなって。ある意味、素人くささも必要じゃないですか。「ストーカー地獄編」で慌ててカメラマンも一緒に玄関に走っていく、あいうのもめちゃくちゃうまいなと思いました。あの塩梅《あんばい》がドキュメンタリーをやっている人間からしてもリアリティがありましたね。

長江　密着もやっていらっしゃる方だから、僕が特に指示しなくてもアドリブで変なところとかを撮ったりもしてくれていて、そういうのがすごく面白かったですね。「大家族」で一番良かったのが、お父さんがブチギレるシーンで、カメラが駆け寄っていくんですけど、暖簾《のれん》にカメラのアンテナが引っかかっちゃうんですよ。それは意図しようとしてもできないから、すごく良かったですね。

――逆にリアルなドキュメンタリーの場合、カメラを向けると演技くさいものが撮れてしまうこともあると思いますが。

土方 これはいくつか防ぐ方法があって、ひとつは、初期に撮ったものはほとんど捨てちゃう。カメラに慣れるまで。半年撮影にかけるとしたら最初の2～3か月の素材は使わないことが多いですね。もうひとつは取材対象者との距離。これはカメラマンが凄いんですけど、なるべく離れて撮ってもらってます。ピンマイクだけ仕込ませてもらって、音さえ拾えば、カメラは遠くから狙える。そういうテクニカルな部分もあると思います。ディレクターが興味ありそうにしてると意識しちゃうんで、あえて現場から離れたり、全然違う方向を見ていたりもします。ドキュメンタリーは演出がなくて、台本もなくて、どんな撮り方でもリアリティが出ると思っていたら、それは大間違いだと思いますね。これも同業者から結構反論もあったりするんですけど。

長江 やっぱり本物には負けるなっていうのがあるんですよね。ドキュメンタリーでは半年かけて撮るものをフェイクドキュメンタリーなら3日くらいで撮れてしまう。本物っぽく見せる努力はするけれど、敵わない。僕はドキュメンタリーに対するコンプレックスがあるんですよ。若い頃、ドキュメンタリーの制作も経験していて、フジテレビの情報番組『スーパーナイト』（1997～2001年）とかに出入りしていたんです。そこで僕とは違う取材班が「ストーカー地獄編」の元ネタになるようなすごいドキュメンタリーをバンバン撮ってきていたんです。

土方　出身がドラマなのかドキュメンタリーなのかというのは興味がありました。

長江　ドラマの比重が多いんですけど、ちょっとだけ片足を突っ込んでいたくらいですね。

土方　そうじゃないと撮れないだろうと思っていました。

長江　だからドキュメンタリーにはすごく

『放送禁止』ディレクターの長江俊和氏

憧れというかリスペクトがあって、自分の中でドキュメンタリーでやれることは、フェイクドキュメンタリーではやっちゃいけないという気持ちがあるんです。それでドキュメンタリーでは描けないような驚くべきオチとかを入れるようになったんです。他の人とは考え方が違うかもしれませんが、僕はそこを自問自答するようにはしています。それで良かったなと思うのは、ドキュメンタリーのモノマネをしてリアルなフリをすることによって、荒唐無稽《こうとうむけい》な話もみんなが見てくれる。普通のドラマで撮ったら、こんなことあるわけねぇよってなるところをみんなが驚いてくれる。〝リアル〟という衣装を身にまとうとこんなに強いのかっていうのは発見でしたね。

土方　僕は僕でエンターテインメントへのコンプレックスと言うか憧れがあって。制作部というエンタメからスタートして、そこからドロップアウトしたので、失格というか極められなかったという思いがありました。それでやってみろと言われてドキュメンタリーをやることになったもんですから、王道のドキュメンタリーは嫌だな、テーマを含めて、どこかに裏切りとか視点の違いがあるものをやりたいなというのがありますね。どこまで行ってもキレイなお話にはならないから、そこはエンターテインメントには敵わないという思いはドキュメンタリー側の人間にはありますね。

――それは土方さんにドキュメンタリーもエンタメであるという意識があるからこそ感じられることだと思いますけど、日本ではいまだにドキュメンタリーはエンタメではないという風潮がありますね。

土方　そう思う人がいてもいいとは思います。たとえば世の中のあってはならないことを糾弾する、その代弁としてのドキュメンタリーももちろん大切だとは思います。けど、それは別に自分がやらなくてもいい。『さよならテレビ』の前に、ヤクザに密着した『ヤクザと憲法』（2015年）という作品を撮ったんですけど、もちろん社会問題ということもありつつ、原始的な動機で言えばヤクザってどんな人たちっていうのを見せたいという、比較的エンターテインメントに近い感覚で取材に入りました。別にそれが悪いことも、社会性が高いドキュメンタリーと比べて劣っているとも思っていません。ドキュメンタリーは真面目じゃなきゃいけないっていう固定観念がずっと長く続いているから、個人的にはドキュメンタリーって逆にブレイクする可能性があるんじゃないかと思ってるんですよ。それこそフェイクドキュメンタリーじゃないですけど、どこまでが本当なのか作り手もわからないようなジャンル分けできないものがドキュメンタリーでできたらすごい可能性があるんじゃないかと。

——まさにいま、フェイクドキュメンタリーを作る若い世代の方々は、各ジャンルで「テレビってこういうものだよね」という固定観念をフリにして作っています。

『さよならテレビ』監督の土方宏史氏

土方　僕の所属する東海テレビって『真珠夫人』（2002年）とか昼ドラを作っていたんですね。実はそれに関するある企画を松江さんと一緒に出したことがあって、いまお話しされたのはそれに近いかもしれないです。

長江　僕も若い頃、東海テレビ制作の昼ドラのADをやっていたんですよ。

土方　えー!?　僕も入社1年目は昼ドラで

した！　めちゃくちゃなスケジュールでしたよね。

長江　予算がないから同じリビングとかのセットのシーンを何日も撮っている。その日しかセットを建てられないから、たとえば1話から4話のシーンを続けて撮って、7話も撮る。でもまだ台本できてないからコピーだけ渡して、みたいな（笑）。

土方　大変な現場でしたよね。お互いがベタベタのドラマスタートというのは何かあるかもしれないですね、源流として。

長江　割と東海テレビの昼ドラの、あの強さというか物語の押し出し方は嫌いじゃなくて。ひょっとしたら『放送禁止』にもその血が流れているんじゃないかなっていま思いました（笑）。

わかりやすさへの抵抗

長江　東海テレビさんは凄いですよね。『さよならテレビ』もそうですけど、長期間取材して多くのドキュメンタリーの話題作を作っている。

土方　よく誤解されるのは、会社全体として応援されているかといったら、まったく応援されていないんです（笑）。ドキュメンタリーってもはや忘れ去られたジャンルだし、効率が悪いですからね。そこは対会社として戦ってくれた阿武野勝彦というプロデューサーの存在が大きいです。今年（２０２４年）１月に引退してしまったんですけど。『ヤクザと憲法』のときもそうですけど、企画書も書けない、どうなるかわからない、場合によってはバッシングを受けるかもしれない題材を扱うというときに、会社に合意を取るというか、合意も取らずにやっちゃって、最終的にリスクを負った状態でそれを放送に出すというところまで、会社と向き合ってくれる。東海テレビのドキュメンタリーが、なんとなく興味を持ってもらえるのはそこかなと思ってます。そういうプロデューサーと出会ったおかげで、自分の中に自分自身でも気づいてなかったようなエンターテインメントの部分だとか、会社や社会に対する憤りみたいなものを表現できたのでプロデューサーの存在はとても大きいですね。

――受け身でたまたま見る人がいるというテレビの特性はどのように感じますか？

土方　『放送禁止』はそれが功を奏していますよね。実際僕が知ったきっかけも、同僚の女性が夜中にとんでもないドキュメンタリーをやってたって教えてくれたことだったんです。偶然見て知識もなくて本当に信じて見て驚いた、と。逆に『さよならテレビ』は、あまりテレビ的な見方をされないというか、テレビの視聴者からはあまり評判が良くないですね。本当なのか嘘なのか、どう見たらいいかわからない。わかりやすく、訴えたいことをナレーションで入れたりして表現してくださいって言われることが結構多かったです。逆に映画にしたときのほうがお客さんの反応が圧倒的に良かったです。

――わかりやすさがテレビには重要と言われますが、それに対する抵抗感みたいなものはありますか?

土方　自分も普段はニュースの企画コーナーとかを担当してるので、わかりやすさをディレクターに求めたり、自分自身もそこにすごく気を遣ったテロップを入れたりしているので、その気持ちはよくわかるんです。ただドキュメンタリーはわかりやすくやろうとしても限度があるんで、普段わかりやすさを求められている分、溜まったフラストレーションがボーンッと出て、振り切れて作っているきらいがありますね。

長江　僕も当時は地上波ゴールデンのバラエティとかドラマをやっていて、当然求められるのはわかりやすさだったので、その反動で『放送禁止』を企画したというのはあります。

第1弾はわかりにくく作りすぎたんで、第2弾以降少し軌道修正しましたけど、それでもゴールデンの番組ではありえないレベルですよね。プロデューサーとかを含めて、作っているメンバーはゴールデンの番組も一緒にやっているんですよ。そのときの会議は結構シビアなことが多いんですけど、『放送禁止』のときは、同じメンツだけど、なんかみんな楽しそう（笑）。自分たちがやりたいものをやろうって、みんなすごいアイデアを出してきたりしてましたね。

土方　いまってどれだけ見てもらうか、マーケティングの極みみたいなところまで来ているんで。作り手が楽しくやっていないと、なかなかファンもつかないですよね。

長江　作り手が楽しくやってないと、絶対その面白さは伝わらない。ただ難しいのは、すごく楽しんで思いを込めて作っても、それが視聴者に受け入れられるかって言うと、必ずしもそうじゃないということですね。

新しい何か

長江　極論すれば、物語って全部フェイクドキュメンタリーのようなものなんですよね。

それこそ神話だってそう。事実をちょっとアレンジして物語を作るっていう行為自体がそう。バラエティだって、たとえば『脱力タイムズ』なんて、毎週フェイクドキュメンタリーをやっているようなものですから。この本では『放送禁止』が「ファーストインパクト」と書いていただいているんですけど、土方さんと話していて、また新しいものを生み出したいと改めて思いましたね。次のインパクトをフェイクドキュメンタリーじゃない何かでやりたいという気持ちがあります。

土方 フェイクドキュメンタリーとは言わないドキュメンタリーとドラマの間みたいな、それに一番近いのが、僕が見た中では『山田孝之の東京都北区赤羽』とかなのかもしれないですけど。現在ではとっても炎上する危険性があるんだけど、逆にいまのテレビの状況で一番求められている気がします。

長江 『さよならテレビ』はそういう新しいジャンルの糸口のひとつなんじゃないかと思いました。

土方 僕はその自覚が全然なかったんですけど、今日こうやって対談させていただいて、ドラマ発のドキュメンタリー、ドキュメンタリー発のドラマ、その間くらいのものができたら面白いなと思いました。制作者もフェイクとは言い切れない、どっちかわからないって公に言えるのが大事だと思うんですけど。そうするとすごくいいものができるんじゃないかって今日お話しして色々思いました。さっき言った昼ドラ関連の企画をもう1回出してみようかな？　なかなか理解されないんですよね。これがいまのテレビの厳しいところで。完成品まで提示しないと怖くてやらせてくれない。どんなジャンルなんだと。

長江　ジャンルなんて、バラエティなのかドラマなのかって言われますけど、どうでもいいですよね。それこそ、面白ければいいじゃんっていう。その企画が通ったら、同じ昼ドラ出身の演出家として参加させてください！

土方　もちろんです！　ぜひ！

※1　2011年8月4日に『ぴーかんテレビ』で「岩手県産のお米・ひとめぼれ」のプレゼント当選者発表画面に不適切なテロップが表示された。

対談は2024年３月17日におこなわれた

あとがき

僕は仕事柄、番組制作者や出演者にインタビューすることが多いのですが、まれにインタビューされる側に回ったりもします。そのとき、決まって聞かれる質問があります。言葉を選んで聞いてくれるので、言い方は様々ですが、端的に集約するとこうです。

「なんでこんなにつまらないテレビをいまだに好きなの?」

僕はその質問にいまいちうまく答えられません。なぜなら「テレビ全体=つまらない」と思ったことがないからです。序章でも書いた通り、その時間に放送されている番組をただ漫然と見ているとつまらないと感じることもあるかもしれません。が、僕はもう何十年も、そういうテレビの見方をしていません。基本的に興味のある番組しか見ない。だから、たとえば「最近、大食い企画ばっかり」だと言われても、ピンと来ないのです。そもそも興味がなくてそういう番組を見ないから。

もちろん、興味がそそられて見た番組にも、期待ハズレでつまらなかったという番組はありますが、それは、映画でも本でもどんなジャンルでもよくあることで、それでテレビ自体が「つまらない」とはならない。ハズレをつかむのが楽しいのも、またエンタメです。昔もいまも探せば面白い番組はたくさん放送されています。本書であげたような番組がまさにそうです。だからこの本は先程の質問へのひとつの回答でもあります。

実は当初、本書は2024年6月刊行予定で企画が進められ、それに合わせ原稿もほぼ完成していました。が、諸事情で発売日が延期されました。そのほんの数か月でテレビのフェイクドキュメンタリーをとりまく雰囲気も目まぐるしく変わってきているように感じます。すっかりフェイクドキュメンタリーというものが視聴者に浸透した一方で、それを匂わすような告知が出ると「もういいよ」といった反応が返ってくることが多くなった印象があります。確かにここ1~2年、その手の企画が多くなっており、食傷気味になってきているのでしょう。

けれど、〝テレビの愉快犯たち〟はほくそ笑んでいるに違いありません。そんなときこそ、〝効く〟と。「どうせこうなるんでしょ」の先にある仕掛けを企んでいるはずです。

本書は「NEWSポストセブン」で短期連載された「『フェイク』のつくりかた」での取材がベースになっています。フェイクドキュメンタリーという〝種明かし〟の匙加減が難しいジャンルにもかかわらず、取材を受けてくださった方々には、感謝しかありません。また、連載から書籍まで並走してくださった担当編集・伊藤勇人さんにも大変お世話になりました。何より本書を手に取ってくださった方々、本当にありがとうございます。

そして改めて言わせてください。

テレビはいまも面白い！

2024年9月

戸部田　誠（てれびのスキマ）

フェイクドキュメンタリー（的）テレビ番組年表 2003－2024・8

※D＝演出・監督 W＝脚本・構成 P＝プロデューサー E＝編集 C＝出演
※2024年9月1日時点

年	月日	タイトル	主なスタッフ・キャスト
2003年	4月1日	フジテレビ『放送禁止』	D W 長江俊和 P 春名剛生
	6月7日	フジテレビ『放送禁止2 ある呪われた大家族』	D W 長江俊和 P 春名剛生
2004年	3月26日	フジテレビ『放送禁止3 ストーカー地獄編』	D W 長江俊和 P 春名剛生
2005年	8月24日	TBS『日本のこわい夜 特別篇』	D 白石晃士 C くりぃむしちゅー、友近
	10月13日	フジテレビ『放送禁止4 恐怖の隣人トラブル』	D W 長江俊和 P 春名剛生
2006年	3月26日	テレビ東京『森達也の「ドキュメンタリーは嘘をつく」』	D 村上賢司 W 向井康介 E 松江哲明 P 替山茂樹 C 森達也
	10月15日	フジテレビ『放送禁止5 しじんの村』	D W 長江俊和 P 春名剛生
2007年	6月10日	フジテレビ721＋739『劇団ひとりの匠探訪記』	D C 劇団ひとり
	10月7日	テレビ東京『碑文谷教授のミッドナイトゼミナール 今さら人に聞けない！怒らせ方講座』	D W 古屋雄作 W 水野敬也
	10月14日	関西テレビ『谷村美月17歳、京都着。恋が色づくその前に』	D 山下敦弘 W 向井康介 E 松江哲明 C 谷村美月
2008年	4月	テレビ東京『ハリウッドスターになろう！』（〜6月）	D W 古屋雄作

	6月23日	フジテレビ『放送禁止6デスリミット』	ⒹⓌ長江俊和 Ⓟ春名剛生
	9月13日	NHK『タイムスクープハンター』パイロット版	ⒹⓌ中尾浩之 Ⓒ要潤
	12月26日	TBS『ダイナミック通販』	ⒹⓌ古屋雄作 Ⓒ峰竜太
2009年	4月1日	NHK『タイムスクープハンター』シーズン1（～5／20）	ⒹⓌ中尾浩之 Ⓒ要潤
	10月3日	日本テレビ『ぜんぶウソ』（～12／26）	Ⓓ安島隆 Ⓒオードリー、サンドウィッチマン、鳥居みゆき
2010年	3月29日	NHK『タイムスクープハンター』シーズン2（～6／7）	ⒹⓌ中尾浩之 Ⓒ要潤
2011年	4月18日	TBS『世紀のワイドショー!ザ・今夜はヒストリー』（～翌年8／29）	Ⓓ菅原正豊 Ⓒ関口宏
	5月12日	NHK『タイムスクープハンター』シーズン3（～7／14）	ⒹⓌ中尾浩之 Ⓒ要潤
	7月19日	テレビ東京『ジョージ・ポットマンの平成史』パイロット版	ⓅⒹ高橋弘樹
	10月1日	テレビ東京『ジョージ・ポットマンの平成史』（～翌年3／24）	ⓅⒹ高橋弘樹
2012年	4月3日	NHK『タイムスクープハンター』シーズン4（～6／26）	ⒹⓌ中尾浩之 Ⓒ要潤
	11月5日	フジテレビ『eveのすべて』	Ⓓ長江俊和

年	月日	タイトル	主なスタッフ・キャスト
2013年	4月6日	NHK『タイムスクープハンター』シーズン5（〜7／27）	ⒹⓌ中尾浩之 Ⓒ要潤
2014年	4月5日	NHK『タイムスクープハンター』シーズン6（〜9／20）	ⒹⓌ中尾浩之 Ⓒ要潤
	7月26日	フジテレビ『武器はテレビ。SMAP×FNS 27時間テレビ』「俺たちに明日はある」	ⒸSMAP
	8月30日	フジテレビ『SHARE』	Ⓓ長江俊和
	10月13日	フジテレビ『とんぱちオードリー』「世界一甘ずっぱいお笑い」	Ⓓ水口健司 Ⓦオークラ Ⓒオードリー
2015年	1月10日	テレビ東京『山田孝之の東京都北区赤羽』（〜3／28）	Ⓦ竹村武司 Ⓓ松江哲明、山下敦弘 Ⓒ山田孝之
	4月17日	フジテレビ『全力！脱力タイムズ』（〜放送中）	Ⓓ名城ラリータ ⒹⒸ有田哲平
	4月18日	フジテレビ『She』（〜5／16）	Ⓦ安達奈緒子 Ⓒ松岡茉優
	7月11日	テレビ東京『廃墟の休日』（〜9／26）	Ⓓ吉見拓真 Ⓒ安田顕、田辺誠一、生瀬勝久
2016年	4月9日	テレビ東京『その「おこだわり」、私にもくれよ!!』（〜6／18）	Ⓦ竹村武司 Ⓓ松江哲明 Ⓒ松岡茉優、伊藤沙莉
	12月10日	テレビ朝日『古舘トーキングヒストリー』（〜19／1／5）	Ⓒ古舘伊知郎

2017年	1月2日	フジテレビ『放送禁止7 ワケあり人情食堂』	Ⓓ Ⓦ 長江俊和 Ⓟ 春名剛生 Ⓒ 有田哲平
	1月7日	テレビ東京『山田孝之のカンヌ映画祭』（〜3／25）	Ⓦ 竹村武司 Ⓓ 松江哲明、山下敦弘 Ⓒ 山田孝之
	8月20日	NHK『戦後ゼロ年 東京ブラックホール 1945－1946』	Ⓓ 貴志謙介 Ⓒ 山田孝之
	10月6日	テレビ東京『緊急生放送！山田孝之の元気を送るテレビ』	Ⓦ 竹村武司 Ⓓ 松江哲明、山下敦弘 Ⓒ 山田孝之、いとうせいこう
	10月14日	日本テレビ『ロバート秋山のウソ枠』（以降、不定期で計4回放送）	Ⓒ 秋山竜次
	12月23日	テレビ朝日『99％ノンフィクション』	Ⓒ アンタッチャブル山崎、バカリズム
	12月28日	NHK『ちょい☆ドラ〜人生でエモいことは10分で起こる〜』「もうひとつのドキュメント72時間 幻の10分」	Ⓦ 竹村武司
2018年	1月13日	テレビ東京『MASKMEN』（〜3／24）	Ⓦ 竹村武司 Ⓓ 久保田集 Ⓒ 斎藤工、くっきー！
	1月23日	日本テレビ『卒業バカメンタリー』（〜3／27）	Ⓓ 中尾浩之 Ⓒ 藤井流星、濵田崇裕
	9月2日	東海テレビ『さよならテレビ』	Ⓓ 土方宏史 Ⓟ 阿武野勝彦
	9月27日	NHK Eテレ『植物に学ぶ生存戦略 話す人・山田孝之』（以降、シリーズ化）	Ⓦ 竹村武司 Ⓒ 山田孝之
	10月6日	テレビ東京『このマンガがすごい！』（〜12／22）	Ⓦ 竹村武司 Ⓓ 松江哲明 Ⓒ 蒼井優

年	月日	タイトル	主なスタッフ・キャスト
2019年	5月22日	フジテレビ『人間の証』（〜7／3）	ⒹⓌ三浦大輔
	6月4日・11日	BSフジ『TOKYOストーリーズ』「妖怪・東京太郎の今／宇宙移民の光と影」	Ⓓ伊藤峻太
	10月5日	テレビ朝日『設楽統の妄想ドキュメンタリー』	Ⓓ宮本博行 Ⓒ設楽統
	10月21日	テレビ大阪『ノンフェイクション』	Ⓓ岩淵弘樹、バクシーシ山下
2020年	1月11日	エンタメ〜テレ『心霊マスターテープ』	Ⓓ寺内康太郎
	4月13日	TBS『クイズ！THE違和感』「ノブ違和感」（〜22年9／12）	Ⓒ千鳥
	11月7日	BSフジ『シンギュラリTV2043』	Ⓓ伊藤峻太
	12月12日	BSテレ東『撮影の、一切ないドラマ 蛭子さん殺人事件』	ⓅⒹ高橋弘樹 Ⓒ蛭子能収
2021年	3月29日	WOWOW『ザ・モキュメンタリーズ〜カメラがとらえた架空世界〜』	Ⓓ伊藤峻太
	3月29日	フジテレビ『567↑8』「ハイパーハードボイルドひとリポート」	Ⓓ原田和実 Ⓟ片岡飛鳥 Ⓒ劇団ひとり
	6月20日	WOWOW『がんばれ！TEAMNACS』	Ⓓ堀切園健太郎 Ⓦ竹村武司 ⒸTEAMNACS
	7月6日	フジテレビ『フェイクラブ』	Ⓒ梅田彩佳、武田航平
	9月7日	テレビ東京『蓋』（〜9／27）	ⒹⓌ上出遼平

10月8日	WOWOW『キン肉マン THE LOST LEGEND』(〜12/10)	Ⓦ竹村武司 Ⓓ松江哲明 Ⓒ眞栄田郷敦、綾野剛
11月25日	フジテレビ『ここにタイトルを入力』第1弾(〜12/2)	Ⓓ原田和実 Ⓦ竹村武司
12月27日	BSテレ東『Aマッソのがんばれ奥様ッソ!』(〜12/30)	Ⓓ大森時生 Ⓦ竹村武司、藤白圭 ⒸAマッソ
2022年		
4月12日	フジテレビ『ここにタイトルを入力』第2弾(〜5/17)	Ⓓ原田和実 Ⓦ竹村武司
4月27日	テレビ東京『島崎和歌子の悩みにカンパイ』	Ⓓ大森時生 Ⓦ竹村武司
5月1日	朝日放送『The Usual Night いつもの夜』	ⒸFANTASTICS from EXILE TRIBE
7月19日	NHK Eテレ『TAROMAN 岡本太郎式特撮活劇』(〜7/30)	ⒹⓅ藤井亮 Ⓒ山口一郎
9月7日	テレビ東京『超特急、地球を救え。』	Ⓒ超特急
9月7日	フジテレビ『芸能人密着モキュメンタリー 夜の顔』(〜9/14)	Ⓒ小木博明
10月3日	テレビ神奈川『この動画は再生できません』(〜12/19)	ⒹⓌ谷口恒平 Ⓒかが屋
12月3日	NHK『タローマンヒストリア』	ⒹⓌ藤井亮 Ⓒ井浦新
12月26日	日本テレビ『カワシマの穴』第1弾	Ⓓ南斉岬 Ⓒ川島明

年	月日	タイトル	主なスタッフ・キャスト
2022年	12月27日	BSテレ東『テレビ放送開始69年！このテープもってないですか？』	ⒹⓅ大森時生 Ⓦ梨、竹村武司 Ⓒいとうせいこう
	12月28日	TBS『ミリオネア・バイヤーズクラブ』	Ⓓ町田有史 Ⓒ渡辺隆 Ⓦ竹村武司
2023年	1月2日	フジテレビ『ここにタイトルを入力』第3弾	Ⓓ原田和実 Ⓦ竹村武司
	1月4日	テレビ朝日『恋するプライベートアイランド』	Ⓒ長谷川忍
	1月18日	フジテレビ『CITY LIVES』（〜2／1）	ⒹⓌ針谷大吾、小林洋介 企画 春名剛生
	4月2日	日本テレビ『カワシマの穴』第2弾	Ⓓ南斉岬 Ⓒ川島明、後藤輝基
	5月18日	テレビ東京『SIX HACK』（〜6／1）	ⓅⒹ大森時生 Ⓦダ・ヴィンチ・恐山、竹村武司 Ⓒユースケ・サンタマリア
	6月30日	読売テレビ『るてんのんてる』「ドキュメント「プランB」」	Ⓓ高橋優佳里 Ⓒフットボールアワー
	8月5日	NHK『帰ってくれタローマン』	ⒹⓌ藤井亮
	9月6日	テレビ神奈川『この動画は再生できません2』（〜9／27）	ⒹⓌ谷口恒平 Ⓒかが屋
	9月11日	TBS『男女は夜な夜な嘘をつく』	Ⓒ高橋茂雄、大久保佳代子 Ⓦ竹村武司
	9月24日	日本テレビ『カワシマの穴』第3弾	Ⓓ南斉岬 Ⓒ川島明、津田篤宏
	10月23日	NHK『プロフェッショナル仕事の流儀』エレン・イェーガー	Ⓓ東森勇二 Ⓒ梶裕貴
	11月8日	テレビ東京『祓除事前番組』	Ⓓ大森時生、寺内康太郎 Ⓦ背筋、梨

	11月19日	NHK『ドキュメント20min.』「ニッポンおもひで探訪～北信濃 神々が集う里で～」	Ⓓ木村優希 Ⓒ宍戸開
	11月25日	テレビ東京『カルマの木』	Ⓓ林毅 Ⓒ呂布カルマ
	11月29日	テレビ東京『祓除事後番組』	Ⓓ大森時生、寺内康太郎 Ⓦ背筋、梨
	12月6日	テレビ東京『THE TRUTH』（～12／27）	Ⓦ高崎卓馬 Ⓒ松田翔太
	12月20日	TBS『水曜日のダウンタウン』「バラエティに出たことのない新人タレントならスタジオ展開が一言一句台本通りでも信じちゃう説」	ⓅⒹ藤井健太郎 Ⓒダウンタウン
2024年	1月12日	WOWOW『PORTAL-X～ドアの向こうの観察記録～』（～3／1）	ⒹⓌ伊藤峻太 Ⓒ柄本時生、伊藤万理華
	1月13日	BSテレ東『真夜中ドラマ「地球の歩き方」』（～3／30）	Ⓦ竹村武司 Ⓒ三吉彩花、森山未來、松本まりか、森山直太朗
	3月30日	中京テレビ『初恋ハラスメント』	Ⓓ宮岡太郎 Ⓟ綾田龍翼
	4月29日	テレビ東京『TXQ FICTION』「イシナガキクエを探しています」（～5／17）	ⓅⒹ大森時生 Ⓟ皆口大地 ⓌⒹ寺内康太郎 Ⓓ近藤亮太
	6月4日	テレビ朝日『森香澄の全部嘘テレビ』（～6／25）	Ⓦ渡辺佑欣 Ⓓ細田翔太郎
	7月15日	テレビ東京『行方不明展』関連番組（～8／22）	ⓅⒹ大森時生 ⓌⒹ寺内康太郎 Ⓦ梨
	8月15日	テレビ朝日『ストレンジグラデーション』（～8／29）	Ⓓ林大貴 Ⓒヤーレンズ
	8月16日	MBS『パラれるテレビ～ノーリアルショー～』	Ⓒカズレーザー Ⓓ竹内成修

参考文献

岡本和明、辻堂真理『コックリさんの父　中岡俊哉のオカルト人生』（新潮社）
小池壮彦『心霊ドキュメンタリー読本』（洋泉社）
今野勉『テレビマン伊丹十三の冒険　テレビは映画より面白い？』（東京大学出版会）
ジョージ・ポットマン『ジョージ・ポットマンの平成史』（大和書房）
白石晃士『フェイクドキュメンタリーの教科書　リアリティのある〝嘘〟を描く映画表現その歴史と撮影テクニック』（誠文堂新光社）
高橋直子『オカルト番組はなぜ消えたのか　超能力からスピリチュアルまでのメディア分析』（青弓社）
高橋弘樹『TVディレクターの演出術　物語の魅力を引き出す方法』（ちくま新書）
高橋弘樹『1秒でつかむ　「見たことのないおもしろさ」で最後まで飽きさせない32の技術』（ダイヤモンド社）
長江俊和『検索禁止』（新潮新書）
長江俊和『放送禁止』（角川ホラー文庫）
初見健一『ぼくらの昭和オカルト大百科　70年代オカルトブーム再考』（大空ポケット文庫）

藤井亮『ネガティブクリエイティブ　つまらない人間こそおもしろいを生みだせる』(扶桑社)
藤井亮、ＮＨＫ「ＴＡＲＯＭＡＮ」制作班『タローマン・クロニクル』(玄光社)
藤井亮、ＮＨＫ「ＴＡＲＯＭＡＮ」制作班『タローマンなんだこれは入門』(小学館入門百科シリーズＥＸ)
前田亮一『今を生き抜くための70年代オカルト』(光文社新書)
松江哲明『セルフ・ドキュメンタリー　映画監督・松江哲明ができるまで』(河出書房新社)
森達也『それでもドキュメンタリーは嘘をつく』(角川文庫)
『21世紀深夜ドラマ読本』(洋泉社ＭＯＯＫ)
『映画秘宝ＥＸ爆裂！アナーキー日本映画史１９８０～２０１１』(洋泉社ＭＯＯＫ)
『劇場版タイムスクープハンター』公式パンフレット
『タイムスクープハンターオフィシャルブック』(学研ムック)
『ドキュメント・森達也の「ドキュメンタリーは嘘をつく」』(キネマ旬報社)
『ほんとにあった！呪いのビデオ　恐怖のヒストリー』(一迅社)
『観ずに死ねるか！傑作ドキュメンタリー88』(鉄人社)
『ＡＥＲＡ』『ａｎａｎ』『ＢＲＵＴＵＳ』『ＥＸ大衆』『ＦＯＣＵＳ』『ＧＡＬＡＣ』『Ｈａｎａｋｏ』

『MORE』『Pen』『PRESIDENT』『Switch』『アサヒ芸能』『一冊の本』『オトナファミ』『オレンジページ』『お笑いポポロ』『キネマ旬報』『Quick Japan』『怖い噂』『ザ・テレビジョン』『サイゾー』『潮』『週刊SPA!』『週刊朝日』『週刊金曜日』『週刊現代』『週刊新潮』『週刊プレイボーイ』『週刊文春』『週刊ポスト』『週刊明星』『小説新潮』『女性自身』『スタジオボイス』『ステラ』『すばる』『ダ・ヴィンチ』『ダカーポ』『中央公論』『調査情報』『創』『テレビブロス』『日経エンタテインメント!』『パンプキン』『ピクトアップ』『文學界』『文藝別冊』『別冊カドカワ』『ムー』『ユリイカ』『歴史街道』『歴史読本』『レタスクラブ』各バックナンバー

その他、各種新聞・Web記事、各テレビ番組

戸部田誠（てれびのスキマ）［とべた・まこと］

1978年生まれ。ライター。ペンネームは「てれびのスキマ」。テレビ番組に関する取材を行なう。著書に『1989年のテレビっ子』、『タモリ学』、『芸能界誕生』『史上最大の木曜日 クイズっ子たちの青春記』など。

撮影：槇野翔太

フェイクドキュメンタリーの時代
テレビの愉快犯たち

二〇二四年　十月六日　初版第一刷発行

著者　戸部田誠（てれびのスキマ）
発行人　三井直也
発行所　株式会社小学館
〒一〇一－八〇〇一　東京都千代田区一ツ橋二ノ三ノ一
電話　編集：〇三－三二三〇－五九六一
販売：〇三－五二八一－三五五五

印刷・製本　中央精版印刷株式会社
本文ＤＴＰ　ためのり企画

Printed in Japan ISBN978-4-09-825479-8